Fashion in Time ｜ **时尚发展史**

If
Furniture
Can Talk

如果家具会说话

日青 著　　江臻 插图

商务印书馆
创于1897
The Commercial Press

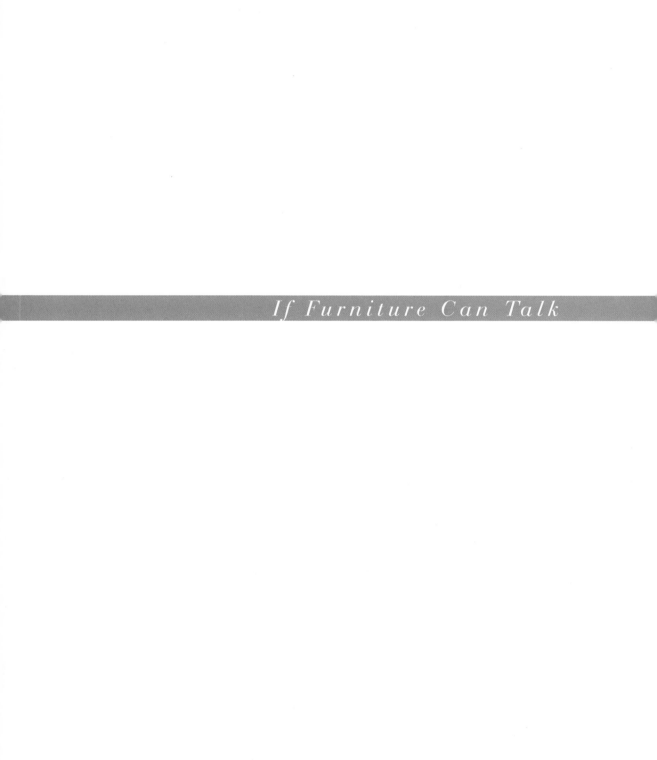

If Furniture Can Talk

Part 1
古埃及家具　生活的起源
（公元前 2000 年）

2　　"彪悍"的生活，不需要解释

6　　公牛腿撑起黄金床

12　　现在，历史就看谁先坐下

22　　上牛肉，开葡萄酒！

31　　收纳柜大赏　谁敢说古埃及不牛

49　　像古埃及人那样生活，人生不过是一场预演

目录

Part 2
从每个家开始的文艺复兴　令人怀念的慢生活
（14—18 世纪）

54　　苛刻之下的精致生活

56　　巴洛克（Baroque）　一颗诡异而又璀璨的珍珠

60　　洛可可（Rococo）　贵妇们的沙龙家具

67　　明朝家具　珍贵的"明式神韵"

76　　清代家具　纨绔贵族的脸面与审美

Part 3
混搭狂潮
（从 18 世纪至今）

86　迷茫中诞生的时尚

88　老上海家具　华洋交融 MIX 风情

103　色彩的盛宴

129　浴室　回到一边泡澡一边见客的时代

155　波普摇滚乡村都市麻辣烫

Part 4
蜗居时代
（20 世纪至今）

170　所谓蜗居，由"我"救赎

173　抓狂的收纳

209　宅男宅女的失乐园

Part 5
反思与反设计
（21 世纪与未来）

240　更多纯粹、更多自然——反设计的诉求

243　一百个哈姆雷特　一百种环保主义

264　住在大自然——生态影像的力量

296　买家具，坐飞船，和嫦娥姐姐同居！

315　未来家的畅想　还有什么不可以？

338　后记　听不过瘾的私人生活史

339　附录　品牌索引

如 果 家 具 会 说 话

Part

1

古埃及家具
生活的起源
（公元前 2000 年）

古埃及家具
生活的起源
（公元前 2000 年）

从某种角度来说，古埃及人对装饰主义的推崇比现代人有过之而无不及。从家具到服饰，无一不透露着他们对于美丽、尊贵的渴望。

"彪悍"的生活，不需要解释

若不论时空，评选这世界上最"欢乐"的有钱人，那么胜出的一定是原始社会的某位酋长，而绝不是现代那些所谓的拥有豪华游轮的富豪。原始社会的奢靡是最肆无忌惮、最令人神往的。以公元前 15世纪的古埃及来说，且不论那些法老墓室的宝藏和咒语已经如此令现代人疯狂，光是看看古埃及的贵族们使用的家具，也足以彻底改变你对原始社会蒙昧、落后的印象。现在，让我们打开他们的家门，欣赏和探究古埃及法老与贵族放肆、专注、充满隐秘色彩的享乐人生。

自古埃及开始，就有了所谓"豪宅"和"平房"之分。富有阶级住的当然是别墅，行政长官和公务员们在乡下也大都拥有较大的房屋。值得一提的是，房屋的总设计师常常由这家的女主人来担当。在古埃及，"家庭妇女"绝不是一个类似"欧巴桑"的称呼，而是一个带有荣誉感和尊贵感的称谓，能够成为上流社会的家庭妇女，就可俨然一副女主人的姿态了。因此，每一个女主人对自己家里的设计、建造、布局、装饰都负有极大的使命感，对规划工作更是一丝不苟。

古埃及妇女们得到了较高的社会地位，但与此同时也揽进了一桩"苦差事"。修建古埃及的房屋是一项复杂、庞大的工程——卧室的前后顺序，浴室和厕所的布局，花园里树木与池塘的排列，祭坛、坟墓的位置至关重要。当然，还得设计出一块完美的休闲区域——要知道在炎热的埃及，家里有一块纳凉的区域是非常重要的。有时，在闷热难耐的夜晚，男士们会想要在一个干净凉爽的露天地睡觉，在做总设计时还得考虑到这个需求。

等到工人们把精心烘焙的泥土烧制成干燥的砖头，完成砌墙、修柱、封顶的工作，接下来就进入了室内装饰的重要环节。从某种程度上来说，原始社会物资匮乏，除了金银财宝，并无丰富的装饰，但埃及人民也积极运用着自己的智慧，以出色的手工来满足他们对家的美观和舒适度的要求，例如用壁画、草席和各种亚麻编织物，让家居环境显得富丽、多彩。

女人们对家的贡献如此之大，男人也毫不掩饰对女性的赞美，那个时代的古埃及情诗滚烫得几乎令人窒息：

她的颈项修长，她的胸脯闪闪发光，
她的头发是真正的金青石。
她的臂膀胜过金子，
她的手指就像莲花的花蕾。
她的臀部沉重，她的身材紧束，
因而她的髋部延伸了她的美。

终于，到了添置家具的时刻了！绝大多数普通的埃及劳动人民家中都非常简陋，除了粗糙的泥凳泥桌之外，几乎没有家具。即便他们真的有了一点积蓄，也会全部用来修建坟墓——对他们来说，这是一生中最重要的事情，坟墓就是他们一生的记录和死后通向灵魂生活的密道。因此在古埃及，如果家里拥有一两件像样的家具，那么其必然是有一定身份地位的人士。透过家具，我们可以观察到有关古埃及上层社会的生活方式。

尼罗河有"二金"——"黑金"和黄金。前者指的是河岸边肥沃的黑土地,而后者就是尼罗河上游丰富的金矿资源。埃及人喜欢描绘法老把大量黄金赐给臣民的壁画,以此证明古埃及从来都不缺金子。皇冠首饰是很常见的金器,在法老和女王的陵墓中出土的黄金家具更是多得令人咋舌。除了带有特殊意义的家具之外,在不少权贵的家中,作为最重要的摆设的家具也都是选用名贵的材质,例如乌木。乌木有"东方神木"之称,木质坚硬,永不褪色,也不会腐朽生虫。在中国古代也有"家有乌木半方,胜过财宝一箱"的说法。在古埃及,乌木深受权贵们的喜爱,被认为是最上等的木材。

说起来,也许正是乌木给了埃及人一个重要的灵感。乌木并不是天然的木材,而是寻常树木在遭遇地震、洪水等自然灾害时,被埋入古河床内,封闭于真空、高压的环境中,历经千万年微生物的作用,长期碳化而形成的。因为经历了这种神奇的过程,乌木也被称为"植物的木乃伊"。埃及人坐在乌木椅子上休息,在乌木桌上吃饭,躺在乌木床上休息……也许他们终于发现了乌木的秘密,于是也开始尝试制作木乃伊。

古埃及的木质家具上通常都会镶嵌有宝石、象牙,或是贴上拼花金箔。这些家具之所以能闻名世界,并不仅仅是外观上的炫目,更重要的是成熟的功能性。在古埃及的一些壁画中,出现了木匠的身影。从简单的构图就可以看出,这批手艺出色的木匠娴熟地使用着锯子、刨子、凿子、锥子、磨刀石等建筑工具,画面也显示出他们已经掌握了不同材质的搭接技术。经过他们设计并制作的家具,结构已经相当先进,并且还按照严格的等级制度做出了不同规格的家具,单从椅子来说就有法老宝座、女王椅、宴会用椅、长椅,甚至还有可以收纳的折叠椅。几千年之后,即便有了成熟的流水线,西方社会依然使用着古埃及的家具制作标准,甚至手工艺还及不上当年的工匠。至今,古埃及家具仍被视为欧洲家具的楷模。

在一批批精致家具的包围下，古埃及权贵享受着独特的生活方式：他们敬畏神灵，恪守着严苛的社会准则，但也一如既往地追求自由，崇尚男女平等；他们极尽奢华，却仍然不忘研究天文地理和其他各种知识，对世界充满了积极探索的好奇心；他们食肉，却比世界上任何民族都敬畏动物，甚至会把心爱的宠物制作成木乃伊，并配备了一整套丧葬物品；他们活在愚昧的原始社会，却用智慧创造了无法超越的生活方式和建筑奇观……

如果有一天，你真的有幸遭遇好莱坞电影中的情节，追着一幅佩皮二世法老的画像到了一片森林，然后忽然穿越到古埃及，见到戴着假发的法老和涂着绿色眼影的女王正坐在 24K 黄金的座椅上，喝着葡萄酒调情，或者围坐在镶着象牙的三角餐桌边，和外星人边聊天边品尝烤牛肉，为了避免被蚊虫叮咬，法老还唤来几个奴仆，让他们赤身裸体站在附近，并在身上涂满蜂蜜——这金光闪闪的画面简直刺痛了你的双眼，但别问"为什么"或"怎么会"，因为，"彪悍"的生活，不需要解释。

公牛腿撑起黄金床

我们如今见到的古埃及"人"，总是以被包裹得极完美的姿态，静静地躺在棺床上。从陵墓中出土的古埃及床，几乎都用黄金制成。其实不仅是在陵墓中，对于古埃及人的日常生活，睡或者躺也是一件极其重要的事情。作为体积最大的家具，权贵们对于床是相当重视的，只有使用最珍贵的材料才能凸显出他们无与伦比的尊贵。那一时期的床有一个共同的装饰特征：床腿往往被雕刻成公牛腿或是雄狮腿状。

/ 1
单人床的美好时光

有一点令人奇怪，古埃及人是睡单人床的。从外形上看，古埃及床规规矩矩的长方形和现代床无异，但宽度却极少超过 1 米，这意味着在古埃及，即便是夫妻，他们也得分床睡。也许是越有信仰便越懂得克制，在不能纵情纵欲的古埃及，夫妻同房的时间是有严格规定的，并且还会在历法中标识出来。现在想来或许有些滑稽，不过这跟我们老祖宗发明的老黄历有异曲同工之妙，古埃及夫妇想要在一起温存也得查询今日是否"黄道吉日宜同房"呢。

两张各自独立的单人床也代表了古埃及夫妇在家里的地位平等、"势力平均"。古埃及的妇女甚至比现代社会的很多妇女都要活得洒脱与独立，男主外女主内的说法完全不成立。女人活跃在古埃及的各个劳动与社会场所。从在尼罗河岸边播种，到在滚滚麦浪中收获；积极筹备参加各种宗教庆祝活动；带领家仆进行纺织、酿酒、做面包

公牛腿造型的床腿，让整
个床架看起来精致有型，
还格外有"气场"。

等手工劳作……丰富多彩的生活令女人活得无比充实和自信。如果外星人当年有录下
那时的情景，也许我们便会看到古埃及妇女平时在家唱歌、书写，在集市上流连忘返
地"血拼"；到了某些带有宗教色彩的"派对"上，她们则涂上神秘的墨绿色眼影，穿
金戴银，喝酒跳舞。

此外，说起古埃及人的婚姻，我们完全可以鄙视如今世界上关于婚姻的任何不平等现
象。早在公元前 2000 多年开始，古埃及夫妻就可以自行协议离婚了。和我们想象中"古
人 20 岁时孩子已经能打酱油了"不同，古埃及人的结婚年龄一般在 20 岁左右，这在
上古时期都算是大龄青年了。男女到了这个成熟的年纪，又接受了一定的教育，彼此
的共同语言也较多，因此古埃及人的婚姻是比较"和谐"的。夫妻间的忠诚也是古埃
及伦理道德中重要的一条。一位丈夫在自己妻子的悼词中深情写道："你从来没有看见
我像农民一样来欺骗你，从来没有走进其他女人的房间，至于在家中的其他女性，我
也从来没有与她们发生过关系。"从这份悼词中至少可以看出两点，对妻子忠诚是当时
公认的美德，而"农民"一词则带有明显的歧视意味。

古埃及的男人要保持忠贞其实不难，因为他们除了妻子之外，还可以根据自己的经济情况拥有几个小妾。小妾没有分家产的权利，只是用来满足男主人的生理需求。有时，妻妾成群依然挡不住某些风流男人的脚步，因此古埃及社会中出现了不少离婚事件。如果要离婚的夫妻之间有纷争，那么还可以上古埃及法庭请求长官裁判。根据当时的婚姻法典，只要双方都表示"感情减淡"、"性格不合"就可以合法地分居了。如果出现分歧，那么只要其中一方说出合理的理由也可以顺利离婚。所谓"合理的理由"有可能是——经历了 20 年朝夕相处之后，丈夫"突然"发现自己的妻子是个独眼龙。

没错，古埃及曾有一对婚龄长达 20 年的夫妻去法庭闹离婚，面对丈夫申诉离婚原因是"妻子只有一个眼睛"时，妻子毫不示弱地回击："我在家和你待了 20 年，这就是你的发现吗？"这段已经无法修复的婚姻最终告吹，丈夫在法庭宣读"离婚宣言"——我已经遗弃了你，打发你走了；在人世间，我已经没有对你要求的权利了。我告诉你，无论你走到哪儿，你为自己找一个丈夫吧——之后，他们便正式结束了夫妇关系。严明的法官也做出了公正的裁决：妻子按规定分得家产的三分之一，然后大可以选择一位更好的人生伴侣。不过，如果丈夫能够举证自己的妻子与人通奸，那么他就可以"独吞"所有家产。想象一下古埃及人衣不能遮体，却在法庭上振振有辞地打离婚官司，这种有关婚姻的高度文明出现在距今 4000 年前，实在令人敬畏。

不过，古埃及人的婚姻亦有致命的。古埃及新王国时期第十八王朝的法老图坦卡蒙为什么 19 岁便去世？有人说他死于狩猎时野兽的攻击，有人说他死于战争。而对他的尸体进行 X 光扫描后，研究者发现，他左脚的骨骼有些畸形，面目英俊的图坦卡蒙很有可能是一个"跛子"。医学家们进一步分析他的 DNA，发现他患有一种脑型疟疾，病毒会攻击大脑造成抽搐、昏迷，甚至死亡。那是一种最致命的恶性疟疾，现代社会每年有 200 万人死于这种病。这种病可以在几天内就杀死一个人，但也可以慢慢折磨一个人长达几年后再死去。在图坦卡蒙的陪葬品中，有一盒胡荽种子，这是一种能帮助退烧的植物，显然他希望来世依然能获得这种药物的帮助。享受着一整个墓室黄金的图坦卡蒙，在人生的最后阶段，想来一定是痛苦至极的。

上：黄金面具的主人图坦卡蒙有着无数神秘传说引人想象，他曾经住过的私密空间更让一代又一代人冒着生命危险去探索。

下：这是古埃及墓穴中发现的一幅壁画，画中可见床头稍稍高起。同时，在古埃及的许多家具上，都有着动物的雕像，以强壮的狮子或公牛最为常见。

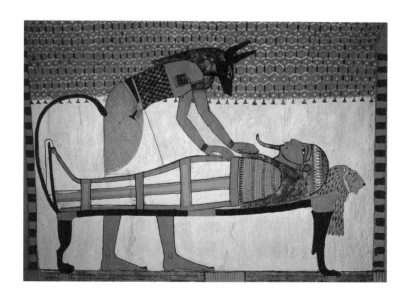

古埃及家具　生活的起源（公元前 2000 年）

整个图坦卡蒙家族都受到遗传病的折磨，同时古埃及盛行的三代以内的联姻又让疾病不断地传递下去。图坦卡蒙的姐姐，同时也是他的妻子，也有一只畸形的左脚，并且患有严重的并发症。他们的一个孩子因为马凡氏综合症而夭折，另一个孩子则在怀孕五个月时胎死腹中。骁勇善战的图坦卡蒙去世后，竟没有后代来继承他辛苦守护的黄金帝国。

/ 2
倾斜设计 & 怪异的枕头

古埃及的床有个非常贴心的设计，那就是床头处的床腿会稍稍长些，这使床产生微微的倾斜，有时整张床甚至会有一个明显的斜面——出于安全和装饰考虑，床尾处会有一个挡板（而现代的床只有床头才会有竖起的挡板），挡板上雕刻有花卉图案，通常是水生植物，例如莲花或高大的纸莎草。

睡在前端高起的床上，其实感觉并不舒适，但古埃及人在设计家具时一直都非常有条理，选择这样设计的床很可能是为了突出头部的重要性。在古埃及，头部被看做是生命的起源，保护好头部才能在死亡后开始新的生命旅途。因此，枕头也成了一件至关重要的家居用品。电影中出现的古代枕头都高且硬，看起来非常不舒服，但和古埃及的枕头相比，算是小巫见大巫了。

尼罗河畔炎热潮湿的气候滋生了许多有毒的爬行动物，古埃及人必须时刻小心毒蛇、蝎子，即使在睡觉时，它们也有可能顺着床腿爬上床，出其不意地展开攻击。怎样才能保护好头部呢？设计师想出了一个看似荒诞却也不无道理的主意：把头颅高高地架起。那时的枕头是一个木架子，作为一只枕头它实在太高了些，不仅高达30厘米，还硬得像石头。尽管古埃及人在使用枕头时，会在外面包裹上一层亚麻布，但这并不能带来多少柔软度。在古埃及出土的陵墓陪葬品中，有些枕头是象牙做的，而杜坦赫曼国王的枕头竟然是用铁做的。

/ 3
考究的舒适床品

富裕阶层的古埃及人，骨子里有着根深蒂固的享乐思想，大地给予他们的财富，奴隶们的聪慧设计和勤苦劳作，令掌权阶级始终沉醉在某种安逸的生活状态里。这一点，从他们早早地使用床品便可以看出。古埃及人绝不愿潦草地睡在硬邦邦的床上，随便拿一块兽皮取暖便了事绝对不是他们的风格，对于他们来说，床垫、床单、床罩必不可少。

古埃及的布艺大部分都采用亚麻制成，木乃伊亦是用亚麻布包裹的。古埃及人很早就开始种植亚麻，随后用这种植物的纤维来织布。韧性、透气性皆极佳的亚麻布，在柔软性上稍稍欠缺，为此古埃及人在制作床上用品时，织出了经纬稀疏的亚麻纱布。当时的床垫虽然不如现在的席梦思那么厚实而有弹性，但他们也考虑周到地在亚麻纱布里塞进了最柔软的稻草。而保护被褥的床罩有时会用皮革来制作。

在古埃及被挖掘的墓室中，第四王朝王后赫特芬雷斯的陪葬品赫赫有名，在这位王后的墓室中，有许多精美的家具，人们不难由此在脑海中勾勒出一个雅致富丽的王后寝宫。在寝床四周，有一个如梦如幻、制作精巧的黄金罩，巧妙地把王后的床给围了起来，形成一个隐秘的区域。黄金罩的四周还带有铜钩，这些铜钩是用来挂帷幔的，使得整张床显得朦胧而又唯美至极，可别忘了，这种前卫的巴洛克风格可是在 17 世纪才开始在欧洲盛行的。在异常闷热的夜晚，王后若不想使用帷幔、床罩，还有一个专门的盒子用来收纳各种床品。

古埃及还有一张世界上最血腥、最神奇、最高级的床——木乃伊制作专用床。这张床见证了一位又一位法老死后的保存过程。他们死后会被人用一只铁钩从鼻孔伸进脑袋，把脑髓掏出来，灌进能防腐的药物。再用一把锋利的刀割破腹部，除了心脏以外的内脏都被掏出，取而代之放入腹腔的是椰子酒和香料。这张看到过人类历史上最科学的恐怖片的床，一定是世界上最珍贵的家具之一。

现在，历史就看谁先坐下

椅子的诞生，是古埃及家具中最值得称道的一部分。这一点比同为
文明古国的中国先进了不少，古代中国直到唐明宗时期才开始有了
正式的带靠背的椅子。在此之前，我们的祖宗只能把屁股坐在脚后
跟上——跪着吃饭、看书、写字、聊天。而同时期的古埃及人已经
端坐在有靠背的精美椅子上描眉画眼、喝下午茶了。很多事，他们
都已经坐着享受了。

坐着梳妆打扮对古埃及富豪来说，可
是一件正经事。除了精致细腻的妆容
之外，制造独特体香也是考验"化妆
师"的标准之一。

图坦卡蒙座椅椅背上的图案尤其吸引人的目光，它讲述了国王和王后的爱情故事。

国王与王后，宝座大比拼

在古埃及的很多壁画中，都出现过一群女仆跪着侍奉主人的画像，主人通常都端坐在凳子或有靠背的椅子上。在现代，椅子是最普通不过的家具，但在诞生之初，只有身份尊贵的人才能坐在椅子上——那代表着一种高高在上的感觉。

现代座椅几乎只剩下"坐"的功能，越是顶级的设计师越喜欢设计"简约"的座椅，我们想要一把"丰富"些的座椅，常常需要 DIY。设计师们大都忘了，椅背是一张多么好的画布。看！图坦卡蒙的座椅，它在讲述国王和王后之间忠贞不移的爱情，它是对爱侣间那份无限眷恋的影射。在那张几乎可以用"辉煌"来形容的座椅上，右下方有一张看似面目严肃、嘴角却微微上扬的狮子的脸，椅背上则有一幅精美的"壁画"，上面细致地雕刻了国王日常生活的场景之一：国王正极为放松地坐在一张看似设计复杂的座椅上，右手潇洒地搁在椅背上，微微弓着背；而王后左手拿着一个小碟子，右手正在为国王的手臂和肩膀涂抹着什么。根据考古学家们的考证，他们正在涂抹一种特殊的油脂。这种油脂是用某种特殊的香油、香膏和带有香味的动植物油脂制成的，有点像现代的"固体香水"，这大概可以算是世界上最早的香水了。

椅背上这幅作品的作者不得而知，但在埃及博物馆内近观这把古埃及史上最英俊国王的宝座，这对皇室夫妇虽然板着脸，但眼神却非常坚定地望着对方。看到这坚定的眼神，联想到他们的近亲联姻，不由令人感叹。这张作为法老陪葬品的座椅可能是最贵重的，日常使用的椅子则会相对生活化一些，但金碧辉煌的风格是不变的。

在古埃及，确实可以"以椅子论高低"，如果说谁能在椅子上和图坦卡蒙一较高下，恐怕只有第四王朝的王后赫特芬雷斯了。在第四王朝时期，古埃及社会的各个方面都达到了一个新的文明高度，世界上现存最大的金字塔胡夫金字塔就是在那时建造的，因此这个时期被誉为古埃及的"荣誉时代"。处在这个黄金时期的王后赫特芬雷斯，想必生活是十分骄奢的。在她的陪葬品中，人们发现了迄今为止最古老的木制扶手椅。

这把扶手椅的表面几乎被黄金覆盖，真要感谢这层金子——因为，经过了几千年，构成椅子整体的木质几乎全都成了木屑，但有了黄金的覆盖和某些部位的连接，我们还是能比较清晰地看出这把扶手椅的全貌，并且研究人员已经用现代科技进行修复，大致恢复了它的原貌：椅面细长，位置较低，并且向内微微倾斜，这会让臀部感觉更放松；椅腿上有狮子的头像，并有珍珠和黄金薄片装饰；椅子的嵌板上有逼真的莲花花纹，花卉形态优雅高贵。重获新生的椅子，精美得令人惊叹，也更让人赞叹古埃及人对家具的设计技术之高超。

/ 2
墓碑，椅子的百科全书

对于古埃及人日常用的椅子，我们的认知来自于墓室和墓碑。此刻，真想有感而发地赞美一句"陪葬品真是好东西啊"，尽管这非常不环保，但如果古人们很"乐活"地实行海葬，那么随风而逝的骨灰会带走多少传说啊。

"谁能坐着"在古埃及是一件严肃的事情，拥有一把椅子是权力与地位的象征，椅子绝不是普通的家具。这把椅子就是图坦卡蒙的座椅。权贵们的椅子形式并不单一，按照现代座椅的功能划分，也可以分为休闲椅、会客椅、宴会椅、折叠椅等。

在古埃及人眼中，墓碑的重要性并不亚于坟墓内部的陪葬品，因为，根据巫术的说法，石碑是保护灵魂的重要道具。在那个时代，必须依靠宗教势力来统治人的精神世界，因此古埃及人对巫术之说深信不疑。只有在墓碑的保护下，死人才能继续享受人间种种乐趣，并且在特定时期复活、回归。所以，在墓碑上描绘的画面，往往是死者生前最舒适的姿态，最常见的便是坐姿。

墓碑就这样成了"古埃及椅子的百科全书"，人们在上面发现了各种各样古代椅子的造型，有一些甚至还能成为现代椅子的制作图纸。在古埃及的第三王朝时期，有一位和国王关系亲密的官员，叫赫斯一拉。这位赫斯先生其实是一位文字记录者，由于和国王是好朋友，所以算是一位生活比较优越的"公务员"。在他的墓碑上，出现了一张非常好的座椅——这被认为是人类从公元前2600年便开始使用家具的最好证明。赫斯一拉的椅子是木质的，虽然是体积较小的凳子，但却在两侧精心安上了扶手，并且凳腿呈优雅的羚羊腿状。这把椅子既看起来体面，坐起来应该也非常舒适。

古埃及人有一项极大的智慧，那就是想方设法研究怎么样才能让自己更舒服，这种天赋和闲情，是忙碌的现代人所望尘莫及的。如果有人问，你家里有几把椅子？你能下意识地立刻回答吗？大部分人即使考虑一会儿，也说不出来。因为"坐着"在现代生活中，大部分时间意味着工作或者应酬。在原始社会，能够"坐下"，往往意味着一天劳作的结束，现在却恰恰相反，大部分人"坐下"意味着工作的开始，舒适的方式已从"坐着"变成了"躺下"了。不管你愿不愿意承认，从这个角度来说，我们悲剧地退步了。

虽然古埃及的情侣不能捧着爆米花一起看电影，但他们照样可以肩并肩坐在一张类似沙发椅的双人椅子上，一起惬意地聊天、阅读以及做任何在椅子上可以做的事情。古埃及有一款浪漫的情侣椅，宽约1.2米。在椅背和座面上都有柔软的垫子，上面还会摆放亚麻布或兽皮包裹的靠垫，靠垫内部填充着柔软蓬松的羽毛。

尽管工具落后，但古埃及人都在努力追求每一件家具的舒适性，例如为凳子增加软垫。

古建筑遗迹纵然看似已成为一片废墟，但考
古人员孜孜不倦的探索与研究让古埃及人
生活的真相渐渐浮出水面。

古埃及甚至还有可以折叠的椅子，这意味着他们在对家居空间的认识中，已经考虑到了便于收纳的功能——这自然而然地会引人发问，他们的房间是不是很小？没错，大部分古埃及人，哪怕是权贵派也是蜗居一族。

这是一个非常奇怪的悖论。一方面，古埃及人非常注重生活的舒适性和各种享受，而另一方面，由于他们觉得死后比活着更重要——生前不过数十年，死后却是真正的长眠，死后的环境一定要尽可能的豪华、富丽、舒适，因为你要永恒地躺在那里。于是古埃及人总是迫不及待地把各种好东西放在坟墓里。最佳的建筑材料，例如大石块，也都用于寺庙、金字塔的建造。至于生前的房屋，大都是用泥巴和木柱子盖的。

再来说说居住面积，他们虽然也会盖双层小洋楼，但层高在现代人看来很是滑稽，只能算是迷你复式公寓。哪怕是最至高无上的法老的宫殿，抱歉，假如你个子还算是高大，也只能低头哈腰地走进法老的家门了。在空间有限的家居环境中，折叠椅子自然更加实用。隔了4000多年，21世纪家居杂志或网站的编辑依然还在孜孜不倦地教授读者如何利用折叠椅子让家更宽适。

/ 3
铜镜，椅子的最佳伴侣

传说中的古埃及法老从不让人看到他的头发，这个含蓄的传统被埃及妇女严格地传承了下来。头巾已经成了埃及的象征，在世界各项运动大会上，包着头巾的埃及妇女不论表现如何，都非常抢眼。到埃及旅游，观赏并购买头巾也成了很有趣的体验过程。把头部裹得如此严实的埃及人其实并不保守，古埃及时期他们就有一大爱好，那就是每天端坐在一张舒服的椅子上，拿着镜子，把各种奇怪、妖艳的色彩往脸上抹。用"懒起画蛾眉，弄妆梳洗迟"来形容古埃及的贵族恐怕是再合适不过了。

上：气定神闲地坐下来照镜子，亦是古埃及贵妇的一种
生活享受和身份象征。

下：有了椅子，怎么能少得了镜子？这对黄金搭档在古
埃及往往被紧密地摆放在一起，埃及人对镜子的魔力有
着许多幻想。

古埃及的镜子是用青铜和紫铜制成的，经过高度打磨之后，照起来算是比较清晰了。我们照镜子的时候，只是看到了自己，但思想深远的古埃及人还从"照镜子"这个小动作想到了"另一个自己"，因此镜子还意味着发现崭新的自我。于是，一种普通的事物便有了"附加值"——这似乎是广告营销最爱玩的把戏——古埃及人为镜子取名"ankh"，这四个字母带有"生命"的意思。也许你已经猜到了，镜子由此成了非常重要的陪葬品，因为它意味着一种获得新生的可能。一些讲究的皇亲贵戚们还会用纯金或白银打造镜子。

其实，哪怕镜子不具有那些特殊的寓意，每个古埃及人也依然会希望死后有镜子的陪伴，因为，如果没有镜子，他们怎么化妆呢？

在化妆这件事情上，古埃及没有男女之分，再纯爷们儿的男人，哪怕你可以徒手和狮子搏斗，也不影响搏斗前先画个美美的妆，完全没有"伪娘"一说。在古埃及人的普遍观念中，追求健康与美丽是每个人的权利，因此无论男女老少，每天都要端坐在椅子上，拿着镜子涂脂抹粉、喷洒香水。

古埃及人用的化妆品和香水是什么样子的？等你打开他们的收纳柜就知道了。

有了田间的劳作，才能够换来餐桌上的丰盛美味。古埃及的美食种类繁多，还有葡萄酒作伴，有了这些，餐桌是否简易便不再重要了。

上牛肉，开葡萄酒！

热爱生活的人，大都对美食的研发和探究有着孜孜不倦的热情，古埃及人亦是如此。或许是他们把期待都放在食物上，因此桌子就显得相对简陋，但这并不妨碍"请出"一张古埃及的餐桌来为我们讲述一下古埃及人用餐时的有趣故事。

/ 1
"小矮桌"派对时间

关于餐桌的文明和进步，就两个简单的字：增高。在一开始"既无座椅也无桌"的时代，人们只是随意地寻找地面上的某个"高地"——可以是一块大石头、一段木桩，或者把手头有的东西堆出一个稳定的高处即可。当人们有了固定的居所之后，餐桌这个家具也不再那么随意，总不能每次吃饭前都得先寻思着找台面吧。于是古埃及人就开始找一些造型合适、边缘较为规整的大石块，在底部加一个小基座，形成一个脱离地面的小型平面，这便是桌子的雏形。在此之后，桌子便开始了越长越高的进程。

今天，人们可以攀上南非"上帝的餐桌"——桌山（Mountain Table，开普敦一座海拔1087 米的高山），远看山顶，发现它简直比桌子还要平整——并在山顶的咖啡馆悠闲地喝上一杯下午茶，这种惬意和舒畅令人为之神往。不过，尽管用餐时只能盘腿围坐，古埃及人却依然享受着他们的快乐。在古埃及的许多壁画和关于早期宴会的描绘中，这是一副生动的景象：他们在用餐时，周围摆放着鲜花、油灯，从用餐者的表情和动作中还可以看出，他们正被优美的音乐包围，因为时常会吃着吃着就站起来跳上一曲。想象着，油灯和火盆在屋内洒满了暖黄色的光芒，花香隐隐约约在鼻尖萦绕，没有那么多用餐礼仪的束缚，这才是最自在的晚餐和派对。

贵族阶级对当时某些奢侈的肉类非常迷恋，为了确保自己在死后仍有东西吃，他们会命令奴隶们制作很多动物木乃伊，例如人们曾在陪葬品中发现了一大块牛腿木乃伊。离奇古怪的是，居然还有鳄鱼木乃伊，也不知道是谁爱吃那玩意儿？但或许这条鳄鱼是国王或王后的宠物，当时也很流行把心爱的宠物做成木乃伊，这样到了天国，它们也能永远陪伴在自己的身边。

/ 2
古埃及厨师：蹲着烧烤哼着歌

别看那一张张出土的极有可能曾作为餐桌使用的石盘或木质台面看起来很是粗鄙，但它们会骄傲地告诉你，自己曾托着多少种超越你想象的食物。味道好不好是一个"环肥燕瘦"的时代问题，但种类繁多确实是不争的事实。古埃及人的主食是大麦和小麦，通常被用来做成面包；肉类最普遍的有牛肉、羊肉，尼罗河还提供了丰富的鱼类，善

到古埃及的厨房探秘，你会发现厨师们各怀绝技，

能够做出远远超出你想象的美味。

于射击的人还会扑食飞禽；提供重要营养的蔬菜则有莴苣、洋葱、茴香等；可口多汁的水果亦是古埃及人的最爱，他们喜欢吃葡萄、无花果、椰枣。

食材是丰富的大自然的馈赠，也来源于古埃及人自己辛勤的劳动。在取得食材之后，他们理所当然地开始"研发"各种烹饪手法。那时候就已有"厨师"这个职业，虽然同样是奴隶阶级，但相比日晒雨淋的农民和渔民，那时候的厨师也算是一个比较高档的工种了。一座距今 4000 多年前的雕像向我们展示了一个古埃及厨师专心工作时的场景：一个留着可爱的"蘑菇头"的古埃及人半蹲半坐在地上，右手拿着扇子，对着一只小炉子煽火；左手则抓着一只形似鸡腿的东西——考古学家经研究后认定是一只"插有竹签的鹅"。没错，他正在烧烤。他的脸部表情平静、自然，嘴角微翘，似乎心情很不错。爱唱歌的古埃及人或许也习惯在下厨时哼哼小曲，打发时间。

除了烧烤之外，在一块出土的石碑上也展示了他们准备大餐的场景：有如今食堂里常见的大果子，还有一种半人高的锅，形状非常细瘦，就像是一只花瓶。厨师们把各种锅架在炉子上，一个人负责拼命煽火，另一个人则把洗净去毛的飞禽或肉块扔进锅里搅拌，不时加入各种香料。

在现代，吃海鲜是比较高档体面的事情，牛羊肉则相对家常一些，但在古埃及，这个情况则恰恰相反。牛肉和羊肉是古埃及上流社会的食物，国王和牧师吃得比较多，一般的奴隶和老百姓平时只能吃素，所以他们才经常下水捞鱼、射猎鸽子，甚至冒着危险去沼泽地捉大雁和鹤，也算是打打牙祭、开开荤。

/ 3
变性，行! 拔牙? 不懂!

古埃及法老有享用不尽的食材，有专门的农民、猎手、厨师，可他们偏偏没有一口好牙。也许你不相信，他们进食时常常需要忍痛。不仅是法老，几乎所有古埃及人的牙齿都很差。如果说平民反正只能吃些蔬菜喝点汤，牙齿不好也不算一桩大事，那么高高在上的国王贵族们在面对满桌美食时往往苦不堪言。现代人已经发现了摧毁古埃及人牙齿的罪魁祸首——面包。

古埃及人精通面点制作，他们把麦子磨成面粉之后，做出了一百多种面食。现代考古学家曾按照他们的配方制作其中一些面点，发现味道尚可。喜欢面包的人，真该亲眼看看，在那张古朴的餐桌上摆满了圆形、三角形、半圆形、锥形、方形、片状、球状等各种造型的面包，是何等令人馋涎欲滴的盛况。

不过，先别急着流口水，把视线移到餐桌附近，那里有一个古老的石磨，正是用来磨麦子的。沙漠里的石块比较脆弱，加之石磨非常粗糙，因此会在研磨后的面粉中留下很多小石粒。可想而知，喷香出炉的面包虽然可口，但每咬一口却都伴随着"沙粒"

家具在劳动力落后的古代是奢侈品的代表，在古埃及亦只有达官贵人才能享用。

甚至小石块，令人防不胜防。古埃及人也习惯了嚼着嚼着冷不防硌到牙的痛苦。如果你有这种经验，应该知道这种"冷不防"的经历简直令人痛不欲生。古埃及人竟都这么挺过来了，从国王到奴隶，他们的牙齿都长时期遭受这种蹂躏，磨损得连牙床都露了出来。再加上细菌的侵蚀，蛀牙更会引发严重的炎症。

古埃及的医术令后世震惊，但令研究人员同样惊讶的是他们竟然没法——或许也从未想过办法来对付牙痛！很难想象，一个拥有多名外科大夫、三十多件手术工具，能够完成移植肢体、增大大脑、面部整容甚至变性等高难度手术的民族，竟然不知如何治疗牙病。所以，可怜的老百姓和法老都经常被牙病折磨，更有不少人死于牙痛。

古埃及鼎鼎大名的法老阿蒙霍特普三世，创造了古埃及最强盛、安稳的时期，也许他曾幻想战死沙场，或者是以一种最安详的方式到另一个世界，但残酷的现实是，他的尸体显示这位伟大的法老极有可能死于牙痛。研究人员对他的木乃伊进行 X 光检测，发现他的牙齿完全变形。他一定也曾求助于巫术，但显然得到的那段"咒语"并没有令他解脱。

不过古埃及的医生也并非完全"不作为",就有那么一位牙医发明出了世界上最早的牙膏——可惜这款牙膏对牙龈的保护非常薄弱,唯一的作用也许只是让人口气清新!

清晨,古埃及人起床后,披上一块轻薄的亚麻布,开始洗脸刷牙。在古埃及的晚期,人们开始懂得刷牙的重要性,并且十分热爱这项清洁工作。在奥地利国家图书馆的地下室,保存着一张古埃及时期的莎草纸,上面写的正是人类历史上最古老的"牙膏配方",标题是"用来亮白牙齿的完美粉末"。虽然写明是粉末,但研究人员根据这个古老配方找来了岩盐、鸢尾花、薄荷,研磨成粉,以 1:1:2 的比例混合后,再加入一点点胡椒粉,把这样的混合粉末放在嘴里,它们溶于唾液后立刻就成了膏状物。

配方公开后,奥地利一位地方医生迫不及待地回家体验了一次"古埃及牙膏",结果被辣得鼻涕直流,尽管如此,他还是由衷地赞美这一世界上最古老的牙膏:"这个古董配方实在太神奇了,刷完后口气非常清新,我们也是最近才知道鸢尾花可以治愈口腔疾病的。"其实,这不仅是牙膏,也算是漱口粉末。比起漱口水来说,古埃及配方更轻盈,便于携带,简直是旅行者的最佳拍档!

总之,现代研究者已经证实了每天要吃的面包是让古埃及人饱受痛苦的根源,尽管如此,面包仍然是非常宝贵的东西,古埃及人甚至一度用面包来代替金钱,作为工资发放给工人。有时,面包就像黄金那么珍贵。原来,古埃及进城打工的农民们,辛苦盖了一天的金字塔,得到的报酬却是几块硌牙的面包。

/ 4
要得到一个男人的心,先得到他的嘴

在一段距今 4000 多年前的古埃及铭文上,有这么一句话:要想让一个男人的嘴得到满足,就用啤酒灌满他的嘴。这和我们现在所说的"要得到一个男人的心,首先绑住他的胃"似是异曲同韵。

跪坐在平台上的古埃及女人身姿妩媚，动作优雅，也许这
是闺蜜们正在分享制作葡萄酒的小诀窍。

古埃及妇女每天的日程表上，有一项非常重要的技术活——酿酒。比较平民化的酒是啤酒，做起来相对容易。把烘焙过的大麦面包片捣碎，再和其他干燥的谷粒一起倒入可以密封的罐子中，加入大量的水，然后任其发酵便可。这种每个妇女都会 DIY 的啤酒在古埃及非常流行，就和如今的可乐一样寻常。无论青年人还是老人、孩子都把啤酒当水喝，他们认为这是一种"能让人健康、快乐"的饮品，从醒来到临睡前，都会随时随地喝啤酒。

就像如今单位分发年货一样，啤酒在古埃及也被作为一种"公司福利"。例如考古学家发现，建造金字塔的工人每天都会分到啤酒，工人们则欢喜地高呼"啤酒给我们带来了精力和时间享受娱乐消遣"。古埃及啤酒真的好喝吗？并且，在建造神圣的金字塔时，工人们也能在休息时间尽情地喝啤酒，难道那时的啤酒不会令人喝醉吗？带着疑惑，考古学家展开研究，并提出一种可能：古埃及的啤酒并不容易喝醉，相反这种酒比较甜，也富含谷物的营养。但这种说法又被另一些考古学家否定了，他们在陪葬品中挖出了五六种啤酒，发现它们散发着"涩涩的中药味"。

因为男人们都要喝啤酒，因此古埃及的任何一个普通女人的形象都和酒联系在一起，会酿酒成了一项必需的才能。在被保留至今的古埃及文书中，关于古埃及人的母亲和妻子的描述是：当妈妈把你送到学校学习时，她正在家里做面包、酿啤酒，等着你回家。一个贤妻良母的形象跃然纸上，这么生动、感人、亲切的描述不知比那些庸俗的酒类广告语漂亮多少。

平民百姓在喝啤酒时，偶尔会加几颗葡萄——这是因为老百姓们买不起葡萄酒，只能丢几颗葡萄意淫一下自己正享受着"葡萄美酒夜光杯"。葡萄比大麦贵很多，导致了酿造葡萄酒的成本较高，葡萄酒的价格是啤酒的五倍，因此，只有贵族才能经常喝葡萄酒。若要推选出一位古埃及酒神，年轻的图坦卡蒙法老当之无愧。他的陪葬品中有好几罐子"干红"。在不少描绘宴会场面的古埃及壁画上往往可以看到夜夜笙歌、葡萄酒大量供应的场面，皇亲国戚们最后往往醉态百出，扔掉杯子唱歌跳舞，摆出各种怪异的姿态。

其实埃及原本不产葡萄，但古埃及人在大约 5000 年前引进了这种神奇的水果，很快就发现经过发酵它能化身为美妙的琼浆玉液。由于产地和葡萄的种类不同，古埃及人酿制出了许多不同的葡萄酒，在当时就有了"葡萄酒品牌"的概念。葡萄酒的美味带给古埃及人前所未有的陶醉欢愉感，甚至令他们觉得所谓的重生便是"住在无花果树上，喝着葡萄酒"，最美好的生活，无非如此。

又因为葡萄酒的颜色和血液相似，在古埃及的神话和寓言中，它成了鲜活生命的象征。古埃及人曾幻想，尼罗河一夜之间变成了红葡萄酒——这对买不起葡萄酒的酒鬼来说，真是世界上最令人激动的美梦了。

在人类的历史上，但凡强大的帝国都会想要不断地扩张领土，发展周边更多的殖民地，但古埃及却是个例外。只有当无法继承家业的私生子发动暴乱、最终被逐出境内时，他们才会带着一些奴隶去往外面的世界重新安家。也许正是葡萄美酒的舒适生活模式，令古埃及人不那么"感冒"外部世界，而最终使自己的文明走向了尽头。

民间神话中，害死万物之神俄赛里斯的黄金柜看起来富丽辉煌，你能忍住打开它一探究竟的欲望吗？

收纳柜大赏　谁敢说古埃及不牛

只要愿意，任何一个小盒子、小木箱、小草篮都能收藏私人物品。在古埃及，收纳柜也是各种式样，从镶金贴银的大橱柜，到一个不起眼的篓筐。最精彩、最劲爆的东西也往往来自于这些收纳家具，你想看看古埃及人的化妆品有多么浓艳，还是想试试夸张耀眼的首饰，或者是听听一顶假发的故事？

╱ 1
用一生填满最后的"收纳柜"

古埃及最出名的柜子，恐怕是在民间神话中，那个害死万物之神俄赛里斯的黄金柜。天神和地神的大儿子俄赛里斯是一位有能力的神仙，他教会古埃及人耕种织布、狩猎酿酒，让人民生活在幸福和满足中，因此他受到了所有凡人的爱戴。他的威望引起了弟弟赛特的嫉恨，于是赛特命人按照哥哥的身材打造了一个华丽的黄金柜子，骗哥哥进去躺着试一试。俄赛里斯刚一躺下，赛特的手下便迅速地封死了这个箱子，扔进了尼罗河。可怜的俄赛里斯就此魂归尼罗河，好在，相信复活一说的古埃及人认定他最后依然活了过来。

事实上，古埃及最常见的柜子就是棺材。他们把生命结束时用的"收纳柜"看成一生中最重要的东西，活的时候可以省吃俭用，一切只为了能往棺材里收藏尽可能贵重的好东西，因为唯有如此，才能在更长久的天国过得更舒适。可以说，古埃及人一生的努力，都为了填满那只具有特殊意义的"收纳柜"，而它也成为世界上最昂贵、最宝贵的柜子。

/ 2
收纳柜大赏第一季：饰品

撇开那只带有"杯具色彩"的收纳柜，我们还是来欣赏一下古埃及人生活中的收纳家具吧。排在首位的要数图坦卡蒙的柜子。这只柜子令现代工匠们汗颜——彼时的细木工技艺已经非常出色，细长的柜腿优雅、流畅，体现了古埃及人对家具一贯所持的高贵姿态。

在这类柜子上，我们能够看到古埃及木匠一项独到的技术：把不规则的小木块拼接在一起，在裂缝里填上其他东西，有时甚至用各种方法把它们"缝"起来！当然，结果是这些柜子照样非常耐用。一些考究的收纳柜还会有一两个迷你的小抽屉，用来收藏特别珍贵的首饰或其他宝物。设计师还精心设计了流行至今的"子弹锁"，一种木质的形似子弹的锁具。

有钱人的收纳柜里都有些什么呢？一定会有的便是首饰。屏住呼吸，古埃及首饰大赏即将开始！项饰、耳环、头冠、手镯、手链、指环、腰带、护身符……款式多到女人见了都不知道怎么挑；黄金、白银、紫水晶、绿长石、绿松石、孔雀石、石榴石、玉髓、青金石……材质美到打劫的一定抱着整只首饰柜就跑！

图坦卡蒙的王冠（局部）

古埃及首饰的色彩有一种说不出的神圣感，细心的你也许会发现这些色彩都来自于大自然：那只镯子闪耀的金光代表的是太阳的色彩；幽幽之银色则象征着神秘的月亮，因此总被用来打造成一些神像饰品；松绿色的项链则犹如潺潺流动的尼罗河水；墨绿色的碧玉像极了新鲜的蔬菜；庄重的正红色传递的正是血液的生命感。

每一种造型的首饰都有各自的含义，其上的雕刻图像或纹路更别具意义。譬如贝壳饰品具有平安的意义，常被用来装饰在腰部。因为古埃及人认为贝壳和女性生殖器的外形很像，所以佩戴在子宫附近，可以保护女性不受性侵犯。假如你今天要渡河，那么就该佩戴鱼形的首饰，可以保护你免遭水淹。新婚夫妇若渴望拥有一个孩子，那么就该让妻子佩戴带有金色脚爪的首饰，那代表着很高的生育能力。

要相亲的话，就得带上古埃及最具特色的大项链——它的坠子又大又重地垂在胸前，有时令人无法直起身体。珠宝设计师为了解决这个问题，便在项链的后端，也就是人的背后两肩胛骨中间再挂上一个重量相当的坠子，以起到前后平衡的作用。后面的那个坠子看起来活像是一个钟摆。很多贵族妇女都喜欢佩戴这种沉重的项链，想来受的罪和18世纪女人们穿的流行一时的束腰是差不多的。

图坦卡蒙的王冠。看起来有一种
说不出的神秘感和奢侈感。

如果家具会说话

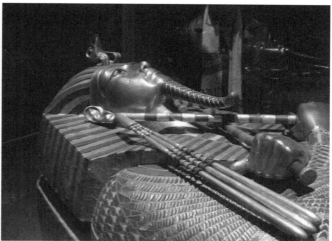

左上：19 岁便不幸离世的图坦卡蒙是古埃及最著名的法老之一，他英俊的面目令后人不断猜想他的各种情事。从他所佩戴的手镯上，似乎还能感受到昔日王者的英气。

右上：古埃及最常见的柜子就是棺材。生命结束时用的"收纳柜"是他们一生中最重要的东西，活的时候省吃俭用，一切只为了能往棺材里收藏尽可能贵重的好东西。

下：超大项链奢华无比，能够拥有如此"体量"又设计繁复的项链的一定是古埃及的名门望族。

现在有些人觉得戴着一只可以打开的戒指就算是个性化，这种把戏古埃及人早就开始玩了。在那时，戒指除了装饰，更是一枚重要的印章。当国王和各位长官们看完文件、书信、申请等，会潇洒地用戒指盖上一个戳，以表示"已阅"。还有一个很前卫的饰品，那就是耳环。有两个甚至更多的耳环在古埃及毫不稀奇，就连法老也跟风追赶时髦，佩戴各种争奇斗艳的耳环。

也许是源于某个神话或寓言故事，鸭子和天鹅成为古埃及艺术家喜爱的造型，现代人理解不了其中的缘由，但这并不妨碍我们欣赏与之相关的饰品。值得一提的是，古埃及的艺术家已经意识到如何让物品兼具"实用又美观"的标准。萨卡拉古迹区曾出土了一只有趣的"鸭子收纳盒"，看起来是一只憨态可掬的小鸭子造型的饰品，但它的背部是一个盖子，可以向身体两边转开，内部是一个小小的储物空间，有趣又精妙！

佩戴饰品是古埃及上至国王下至百姓都热衷的事，尽管平民买不起奢侈的贵金属首饰，但他们也积极开动小宇宙，用石英砂磨出首饰的造型，再涂上各色釉彩，也是非常不错的 DIY 作品！

/ 3
收纳柜大赏第二季：化妆用品

没有宣传、没有 PS、没有代言人，一位随随便便化了个"淡妆"便出门逛街的古埃及妇女比任何一支现代广告大片里的大牌女明星都出彩。化妆，是每一个古埃及人的必修课，就和生下来就得学会走路一样必要。从某种程度上说，他们是一群以善于化妆而出名的古人类！若转世投胎到现代，个个都拥有成为顶级化妆师的天分。

和现代女人的梳妆台一样，古埃及人收纳柜里瓶瓶罐罐也不少。你会看到各种装眼线膏、眼影、香水、胭脂和口红的器皿。如果问女人，妆容中最重要的部分是哪里？大多数都会选择眼妆。古埃及人也把眼妆看做最关键的部分。他们并没有所谓不同季度的流

古埃及人独特的发型和亚麻披肩，至今仍是时尚圈许多明星爱模仿的造型。

行趋势，黑色和绿色是两款经典长久的眼影色。古埃及的"化妆品工厂"用孔雀石和铅作为材料，经过研磨后，作为眼影粉使用。黑色款式的眼影不仅酷，而且还能帮助减少沙漠上太阳反光对眼部直射的伤害，因此相对比绿色更加受到偏爱。如果是夜晚的派对宴会，那么反光效果更好的绿色则更加出彩。

如何让眼睛变得又大又有神？古埃及人用黑色的眼线膏涂在眼圈和睫毛根部，为眼部增加一圈极深的轮廓，这和现代化妆技术完全一样！

天天在沙漠曝晒，古埃及人面临的最严重问题是肤色暗沉与粗糙，相信古埃及的化妆品厂商一定绞尽脑汁，凭他们的智慧，也许是只差一两种材料，否则遮瑕膏与 BB 霜就能提前几千年诞生了。但他们并不气馁，想到了用胭脂和口红来打造好气色！红色的氧化铁石和植物油脂混合就成了一块深红色的膏体，存放在小容器里便于使用。

涂抹眼影和胭脂的步骤非常细致，先在一把专用的小调羹里撒上几滴水或油，将手沾湿后再去蘸取一些粉末，轻轻拍打并抹匀在皮肤上，考究点的会用一根类似棉签的专用小棍代替手指，更加卫生。如果古埃及的某位 Party Queen（派对女王）曾撰写诸如

在古代人的业余生活中，音乐是十分重要的一部分。如果
家具能够开口说话，真希望它能告诉我们古埃及的音乐更
像是爵士，还是摇滚？

　　　　　　　　　　　　　　　　　　　　　　　　如果家具会说话

"化妆步骤正解"、"打造最性感浓妆"、"五分钟搞定派对妆"之类的书籍，没准会改变世界化妆品发展进程，并成为最抢手的"化妆圣经"。

完美的妆面大功告成之后，还差最后一步：增加香味。根据资料无从考证古埃及人是否有难闻的体味，但他们每天都习惯用香膏、香料和香水。他们涂抹香水的方式是从脸部开始——那是真正纯天然的香膏，因此也不必担心过敏刺激等问题，听起来非常诱人。对很多人来说亲眼看一看古埃及的香水是一次无比诱人的"芳香之旅"。幸运的是，4000多年前的"香水实验室"至今仍保留着，散落在尼罗河两岸的神庙遗址里。

那是一个狭小、阴暗的房间，乍一看令人感觉像是暗房，又闷又压抑，说它是个"制造车间"倒不如说是个仓库更合适：避光、阴凉。当年的香水制造者显然非常敬业，他们时刻记录着在实验过程中的点滴发现，也许是怕写在用纸莎草做的纸上不能保存，于是便将独特的心得认真地刻在墙面上。

就像是找到了哈利·波特魔法学校的魔药配方，那些神秘莫测的"神的文字"和精美的浮雕像有魔力一般，加上那若有若无的独特香味，让人一心急着想要猜透那些如咒语般的文字和图像的含义。考古学家终于把它们翻译了出来：那是制作香水和香膏的原始配方与过程。古埃及香水发明家非常慷慨，把细致的步骤留给了全人类——原料的来源、用量、加入顺序、浸泡和加热时间被一一记载下来。

古埃及人不仅每天使用香水，还经常享受"香薰SPA"。尽管房间简陋，缺少家具，但并不妨碍他们在角落里摆放一些令人愉悦的香料，莲花、百合是最常见的芳香剂。值得一提的是，在很多香膏和熏香剂中，橄榄油都是一道重要的底料。埃及艳后克丽奥佩托拉七世躺进凯撒大帝的臂弯勾引他，橄榄油和香氛是成功的秘诀之一。

现代人洗牛奶浴代表着奢侈，古埃及人更绝，他们洗香水浴。没那么有钱的人，就跟现代人夏天洗澡时倒几滴花露水那样，往浴盆里洒一点香水，或是洗完澡在干净的衣

各司其职的社会结构让每个阶层的人都能安心地生活，这是家庭稳固的最重要因素。

服上喷上香水再穿。而古埃及的权贵则会用几乎 100% 的香水纯露来洗澡，大名鼎鼎的埃及艳后还用香水来冲洗她的私人帆船！面对无处不在的香气如此强烈的攻势，凯撒大帝还能剩几分清醒？

化妆品的流行带动了衍生产业，各种各样的化妆品盒和瓶罐也随之发展，其中玻璃瓶是最漂亮的。古埃及人是世界上最早使用玻璃这种透明材质的人，而他们用它来装漂亮的化妆品，真是最合适不过。

/ 4
收纳柜大赏第三季：假发

炎热、蚊虫、汗水，尼罗河岸的生活环境很难和"干净"联系在一起，但古埃及人却追求出淤泥而不染，他们是那么爱干净，简直到了要把浑身的毛发都剃干净的地步。因为，你怎能带着哪怕是一丁点儿的污秽去拜见神灵呢？

宗教仪式开启之前，是最紧张的"全民卫生"时间，就连法老也不敢怠慢丁点儿，必须非常仔细地沐浴更衣。

法老有专人伺候，再复杂的清洗过程也不麻烦，可对平民来说，干了一天的活儿还得回家洗头擦身，着实是件伤神的事情。万一洗得不到位，敬神时被人发现头发里有虱子，那可不仅仅是被嘲笑和羞辱那么简单，所以不如剃个光头来得利落。不止男人，就连女人也一样。光头和光秃秃的下巴一时间把外貌上的性别差距缩减到最小，再套上毫无曲线的白色长袍，更加重了性别模糊。

在古埃及壁画中，经常看到夸张、奇异的假发，当然其中也不乏惊艳，甚至惊悚的。这是追求华丽的古埃及人想要的效果。考究的假发里还带有一个网兜：用毛发编织成的网，套在头上可以更好地固定假发。有时候，还把脸也给围进去了。

虽然顶着高高隆起的假发，但这并不是古代那种"千斤顶"似的发饰。古埃及人坚持用真人的头发来制作假发，因此非常轻盈。他们还把世界四大人种之一的高加索人的红发拿来做了一顶红艳的假发，法老对此爱不释手。

剃了光头的穷人，见到法老和贵族们顶着光鲜亮丽、弹眼落睛的假发风风光光地出席各种场合，也心痒起来。虽然精美的假发非常贵，穷则思变的平民依然想出了办法：先留个板寸或更长一点，然后找点门路弄些假发，缠在自己的头发上——人类历史上最早的接发就此诞生了。贵族们的假发会被精心地编织成一根一根小辫子，而平民自己接的头发，就随便打个结了事。为了防止假发弄脏或丢失，平民在耕种、放牛、煮饭或洗衣时是不舍得戴的，只在作客或参加庆典活动时才拿出来享受一番。

即便有了假发，男人心中的创伤还未被抚平，因为他们失去了男性的重要象征：胡子。于是假胡须便顺理成章地登上了历史舞台。假胡须的魅力不可小觑，在古埃及第十八王朝女王哈特谢普苏特的眼中，有了胡须才能拥有和男人一模一样的地位。于是这位古埃及历史上的女法老迷上了佩戴假胡须，在出席重大场合之前，她都会耐心地等待奴婢们在自己的下巴上一根一根地粘上胡须。她成功了。在人民和后世人的眼中，她就是一位男人，现在仅存下来的几件哈特谢普苏特雕像，也都是男人的形象。

本来我们可以看到更多关于这位"纯爷们"的故事，但是后来的法老一想到国土曾被一个粘假胡须的变态女统治过，就说不出的难受，终于下令把有关她的神庙、雕刻、资料几乎统统烧成灰烬，这也算是古埃及的"焚书"事件了。

/ 5
收纳柜大赏第四季：服装

比现代家具更精美的柜子毕竟只是贵族阶层的用品，更多的古埃及平民使用的则是用青草、枝条、亚麻等编织的圆筐，偶尔也会用一些简陋的木盒子。平民的资产本来就不多，收纳箱主要是用来摆放衣服的。

在古埃及壁画上，上至女王、下至奴婢都会被刻画得前凸后翘，妖娆身材被展现得淋漓尽致，但实际上古埃及的男人可没那么有眼福，围绕在他们身边的女人完全跟妖艳诱人无关，她们统统被一块 6 英尺长、3 英尺宽、带边带褶的亚麻布给罩了起来。

亚麻质地最适合亚热地带，因其轻便又透气。一开始，古埃及人只是把亚麻布套在身上，然后找个地方用线串起来，固定一下。亚麻布并没有弹性，所以一定要穿得宽松点，这样一来，就绝不可能出现壁画上诱人的仕女图。到了略有凉意的冬季，他们则会披上羊毛大衣，但款式也非常简单。

到了古埃及中王朝时期，服装慢慢变得华贵起来，和家具一样，手工艺也开始变得精细。在第十八王朝时期，曾经流行过一种很有"创意"的衣服：先用亚麻布裹在身上，把多余的布料当成围巾披在肩上，最后用一根带子在腰部系紧——重点不是这些啰嗦的穿法，而是穿完这件衣服妇女们仍然裸露着一只乳房。其实裸体在古代并不算非常惊世骇俗的事情，很多平民，特别是奴隶都是裸体的。这个风俗流行了几个王朝，现在回想起来，真是活色生香。

另外，古埃及人没有专属的鞋柜，除了富人能穿皮鞋，普通人也就用枝条编个拖鞋穿穿。不过古埃及风俗有规定，见长辈或贵宾时穿拖鞋是不礼貌的，所以还得备一双像样点儿的草鞋。

/ 6
古埃及收纳柜大赏终级篇：魔法般的药物

谁都不会否认，古埃及收纳柜里最精彩的藏品是——药物和你从未见过的"神秘药方"。

有个男人病了，妻子为他请来医生。这位医生既不"望闻问切"，也不先收钱，而是先祭拜神灵——患者的家属也得一起参与。这是看病的重要环节，因为在古埃及，生病被认为是神灵的惩罚，所以，医生便带有"驱邪"的使命。他们得先执行一些类似巫师的职责——事实上，确实有人把他们称作巫师——然后才开始观察病情、开药方。现在看来，一些药方简直无厘头至极：药引子有可能是烂泥、头发、狗血或孔雀石……甚至是人的粪便。有人觉得是恶搞，但在古埃及人眼中，这可是一种神圣的药方。

由于制作木乃伊的需要，古埃及人早早地就习惯了为人类"开腹、剖肚、挖脑髓"，他们是对人体构造最熟悉的古人，其在外科医学上的研究之发达令后人咋舌。医生的分工也非常细致，每个医生只看一种病。古埃及的福利并非好到看医生免费的程度，那时候看一次医生得花多少钱，我们不得而知——也许不便宜，毕竟人家还兼着巫师的职责，所以，古埃及人也会在家里准备一些常用药品。

面包，是古埃及最常见的食物。发霉的面包，自然也是很容易得到的。他们惊喜地发

古埃及人对巫师很尊重，身体病痛时也会求助于巫师的咒
语，希望以此得到解脱。可惜咒语常常"失误"，也导致
了法老会在身体的痛苦中逝世。

上：古埃及人非常享受派对时光，牛肉、葡萄酒、烧烤、水果以及各种香料必备，饮酒作乐，好不畅快。

下：古埃及画像、雕塑乍一看都很类似，但仔细观察其中人物举止和穿着打扮，都有丰富的细节可以探究。

古埃及彩陶。一个小小的收纳盒，可能用来装香膏或胭脂，它可是古埃及家中非常实用的小物件。

现，它居然能治病。现代医生把古埃及人的发霉面包看做世界上最早使用抗生素的事迹。用发霉的土壤和食物来为创口消炎，是古埃及家喻户晓的医学知识。

当然，别以为你打开那扇备用药品的柜门，里面尽是令人恶心和毛骨悚然的东西，其中也有一些美味的。比如，芹菜可以用来预防和治疗关节炎；小茴香可以治疗抽筋；芫荽，这个曾出现在图坦卡蒙的陪葬品里的植物，则能用来止痛。令孩子们最开心的不适可能是便秘。没错，只要他们几天都没法排泄，妈妈就会烤大蛋糕给他们吃，只不过得沾着油吃。

真正值得我们神往和崇拜的是，古埃及人已经意识到了压力是一种无比可怕的东西，而可怜的现代上班族直到 21 世纪初才开始意识到这个词的危险，至今还屡屡出现高压之下猝死的新闻。也许，我们用于解压的方式太多了，过多的选择导致体力透支，反而成了另一种压力。言归正传，当古埃及人了不起地意识到压力会让人生病，就建立了疗养院——可见他们对每一项医学发明的重视！"国家领导人"和有钱的"公务员"可以在疗养院里接受一种叫做"梦境疗法"的治疗，类似于催眠。当然还可以做 SPA，那也是一种经过古埃及医师精心调制的"圣水"，能让人恢复精神。

好了，看完了大众的收纳柜，到了爱八卦的人最关心的部分了：一些有着特殊用途的药物。古埃及最强壮的法老拉美西斯二世，有八个妻子，一百多位情妇。去世时，有近一百个儿子，超过半百之数的女儿。

他的妻妾们是如何争宠的？法王又是如何保持体力的？无论关注哪个方面，都能拍出一部活色生香的电影。关于法老的体力问题，每一位法老在执政超过 30 年时，都要在民众面前跑步，以证明自己的体力能够继续胜任这个位置。拉美西斯二世在位超过 60 年，连任两个 30 年，看来，他的跑步成绩非常出色。

想要获得国王的宠爱，并巩固自己的位置，首先是得到宠幸的机会，其次是顺利怀孕。这个自然和公平竞争的过程到了贪婪和心急的人类面前就变得不一样了。某位王妃或情妇的私人医生终于发明了春药。这种令法老的妻妾们欣喜若狂并争相购买的药被形象地称为"法老之香"，这种用"莴苣、曼陀罗根、阿月浑子、薄荷、肉桂、柏木"等材料做成的药，价格一度直逼黄金。

很多小说对春药的夸张描述令人对其产生恐慌，例如服食过度、精尽人亡的西门庆；用春药毒死了汉成帝的赵飞燕。而在古埃及，春药却算是一种"补品"，吃了之后能醒脑、令人兴奋，提高怀孕的几率，但完事之后，也会帮助睡眠，让身心得到更好的休息。听起来，还真是从未有过的完美春药。

已经怀孕了的妻妾，有时就得拒绝法老的美意，因为那不利于保胎。所以，尽快得知自己是否怀孕是很重要的事情，还能够尽早放出风声，打击一下其他竞争者。要达成美好的心愿，往往需要经历一个漫长的过程：那时候的验孕棒，是一堆大麦。

公元前 130 年的一份纸莎草文献中这样记载：想知道自己是否已经是准妈妈了吗？想知道你是否已经为夫家传宗接代了吗？那么，请每天在装有大麦和小麦的口袋上排尿，如果小麦生长发芽，那么，恭喜，你怀的是男孩！如果大麦生长发芽，那么，有点遗憾，你怀的是女孩；如果大麦和小麦都不生长发芽，很抱歉你没能怀孕！这个方法看起来非常科学，因为孕妇尿中含激素，有促进植物生长的作用。至于大麦小麦代表男孩女孩之说，就是美好的臆想了，不过这依然比中国古代一种检验女子是否为处子之身的方式要科学些——让女子脱掉裤子，光着屁股蹲在一堆香灰上，然后用羽毛在她的鼻头轻挠，当她打喷嚏时，看看下体的香灰是否散开。如果没有散开，说明她仍是处子之身，反之则证明她不再纯洁。所谓的晦涩的依据是，她的下体是否已经与上体连通。

有人着急要怀孕，就必然有人想方设法地避免怀孕。也许是某个不情愿出嫁的可怜姑娘，也许是仅仅为了复仇、暗杀而嫁给仇人的间谍，更有可能的是那些因为养不活一群孩子而想要计划生育的普通妇女。总之有了这样一群市场需求者，避孕药由此诞生。4000 年前被记录在纸莎草上的医学资料描绘了好几种方法：在阴道内塞入蜂蜜和苏打做成的胶状物——可以接受；将鳄鱼的粪便和酸奶混合灌入下体——有点过了；还有一种最"一劳永逸"的方式：把洋槐树叶磨成粉，和蜂蜜混合，再涂抹在抹布上，这就做好了一张药膏，再贴在外阴上几天，便能保持一整年不受孕——听起来，完全不靠谱。

正准备关上收纳柜的一刻，我们忽然发现自己还遗漏了一样东西，那是一件伟大的至今让所有男性、也有很多女性无法离开的日常用品——避孕套。如果你觉得他们建成了金字塔，做出了木乃伊，酿出了葡萄酒还不够牛，那么发明了世界上最早的避孕套是不是算得上呢？法老的柜子里放着高级的用动物肠子做成的避孕套，而普通百姓只能使用简陋的牛膀胱做成的避孕套。天晓得男人戴上它们之后的感受，至于女人，则更值得同情。

像古埃及人那样生活，
人生不过是一场预演

这个设想其实是一个悖论。因为我们已经不再有"死后可享永恒"的信仰了。

尽管每当有亲朋好友离开，我们都会告诉别人也暗示自己，他／她去了更美好的天堂，但果真相信的话，人们就不会在参加完葬礼之后，感慨人生苦短，不如今朝有酒今朝醉。古埃及人若得到一罐珍贵的葡萄酒，一定会视若珍宝，细心保存，准备留着作为陪葬品。值得敬佩的是，他们拥有一种超强的心态，一边为死后忙活，一边尽力充实现状。

他们躺在那张舒适的单人床上，理性而平等地享受着爱情，就算分手之后，也能各自追求幸福；

他们围在惬意的矮桌边，品味三十多种不同的葡萄酒，或者猛灌几口啤酒，聊一聊最近正热门的八卦，法老阳痿、王室私通、同性恋，种种奇闻都能成为令人兴奋的话题；

他们坐在无比华贵的扶手椅上，想象着"地球是一张扁平的圆烤饼，尼罗河正静悄悄地流过这张饼的中心"，创造出了世界上最先进的医学奇迹，却最终未能保住自己的国土；

他们打开收纳柜，哇，这就是一个藏宝箱。

有人说，当天才离你很远，你觉得他是天才；可当天才成为你的邻居，你一定会说：瞧这个白痴，简直就是个疯子。对古埃及人生活的想象，也令人时常在"他们超了不起"和"他们超级变态"的想法中徘徊。

一切的生活态度，或许都源于他们那个独特的信仰：死后才是美好生活的开始。所以死亡之前的生活尽可肆意，反正你连死亡都不怕了；但你也得勤奋，这是在为死后的真正生活努力。

就如同古埃及的诗歌中所描写的那样：

享受每一天，把它当做神圣的假日，
不要让你活泼的生命疲倦，
不要让你的真爱停止，
人生苦短，何必让你的心充满烦乱，
享受每一天，就像享受神圣的假日！

怕什么，反正人生，不过是一场预演。

狮身人面像是全世界人对古埃及的典型印象，而古

埃及的种种远比狮身人面丰富、有趣得多。

Part

从每个家开始的文艺复兴 令人怀念的慢生活
（14–18 世纪）

许多人迷恋巴洛克风情的家具，不仅是因为外表的华丽和精美，更是由于细腻的触感和使用的舒适——这恰恰是容易被人忽略的一面。

苛刻之下的精致生活

文艺复兴这四个字对现代人来说散发着令人可以无限遐想并沉醉其中的魔力。我们艳羡的视线都集中在了那个时期华丽的宫廷生活，而街头巷尾那些阴暗龌龊的角落，为生计所迫招摇过市的妓女，为了抢一只面包而打个你死我活的流浪汉……这些画面总被现代人的想象和各种影视作品自动屏蔽。

在人们朦胧的想象中，16 世纪是一个唯美而精致的时代，即使只是想着，似乎都能闻到清新的花香。令人嫉妒的古典生活就此拉开了帷幕：

轻拉床头的摇铃通知楼下的仆人，我醒了。
递给我的东西都要装在银质托盘里。
住在上万平方米的超大公寓里，有一个属于我的图书馆。
每天的报纸，不论我看不看，都得用熨斗烫平烘干。
坐在花园里的长椅上，欣赏园丁培育的品种。
沙发上的靠垫每天都要由人重新拍打，呈现出最蓬松的样子。
餐盘、刀叉、烛台、花盆——
总之，餐桌的摆放距离必须精确到用尺子量。
擦鞋？那还用说，就连鞋带也得每天清洗。

欧洲贵族的生活充满着浪漫主义情怀，中国古代权贵家族的 24 小时也同样精致到苛刻的地步，并且显得更加严肃、庄重、井井有条。

人们在遐想古典生活时，永远把自己想象成城堡中娇美的大小姐或帅气的公爵，即使每天一起床就要穿戴整齐，被束缚在呼吸不畅的精美服装里长达十多个小时，一举一动都要保持完美的姿势——那又如何？和每天朝九晚五的奔忙相比，这简直就是天堂般的生活。

其实，现代人所憧憬的无非是一个字：慢。越难得到的东西越令人渴望——这个说法从现代人对古典家具的态度上就可以看出端倪。对慢生活的渴望，几乎成了现代人的一种病。找个时间坐下来，听听这些古典家具有什么故事想要告诉你。

诞生于一个华丽的时代，巴洛克风格仿佛注定拥有张扬、高调

的本性，显露豪华的气派和举足轻重的庄重感。

巴洛克（Baroque）
一颗诡异而又璀璨的珍珠

就像乔尔丹诺·布鲁诺因为坚持当时不被人接受的"日心理论"而被
烧死，巴洛克在诞生之初，也遭人讨厌。经历了伟大的文艺复兴之后，
人们认为巴洛克是一种艺术上的退步，它的古怪奇特让人心绪不宁，
而它在 16 世纪末诞生的时候，甚至有人觉得巴洛克是邪恶宗教的象
征。在各种各样的议论中渐行渐"盛"的巴洛克艺术，在家具史上
留下的则是一段瑰丽、雄壮的旋律。

/ 1
华丽丽的文艺复兴式生活

文艺复兴的利剑刺破了黑暗的中世纪之网，上帝不再是绝对的权威。走在文艺复兴时期的意大利街头，有很多赏心悦目的画面，到处是华丽丽的装饰，由上至下的设计风格都是铺张、高调。就像一个人好不容易冲出了牢笼，便想要把所有曾经偷偷梦想过的事情都实现一把。老百姓都佩戴起首饰，条件好些的则穿上丝绸、天鹅绒材质的衣服。就连士兵们都穿上耀眼的盔甲，撑起鲜艳的丝质旗帜。

张扬的设计风格从室外流传到室内，其实这和巴洛克的风格是相符合的。早在巴洛克艺术诞生之前，人们就开始喜欢在家里放置雕塑品。用艺术品来装饰自己的家是一种美的启蒙，也是安抚心灵的方式。当时的家具大多选用上等的胡桃木，辅以精美雕饰，床柱挂上帘帐，椅面铺上柔软的坐垫——布艺品上都有面积不同的美丽刺绣。其他家居饰品中，最出彩的则是灯和镜子。

设计师把大自然的植物造型带入灯具的设计中，那种从屋顶上一直往下延伸的华美吊灯，是在模拟自然的藤条和花枝。镜子的造型也变得夸张，富有宫廷感。至于另一个家居装饰的精彩部分则来自于餐具。高高的烛台，放到现代家居空间里来看，有点大得离谱；盘子上镶着金银边，刀叉上也刻着不一样的图案。就连放在床边的一个小小的眼镜盒，也带着浓郁的威尼斯特色。所以，当你踏入这样一个文艺复兴之家，踩在柔软的东方手织地毯上，一定会觉得人类历史上的家有了焕然一新的面貌！

/ 2
甩掉宗教背景！

在一个华丽丽的时代诞生，巴洛克风格却依然生不逢时，人们把矛头直指它的宗教性。巴洛克是否真的因为宗教诞生，这一点始终有人争论。但从历史的发展来看，巴洛克恐怕很难和宗教撇清关系。创造巴洛克的人并不是什么邪教的信徒，但它的萌芽诞生在罗马，当时罗马仍然是教会势力的中心，当教徒们发现一种有压倒性气势的风格逐渐成熟，自然便利用起巴洛克来。

想要分辨巴洛克风格的特征，只要记住两点：第一，它非常豪华，既不是大家闺秀的端庄，也不是富家太太的奢华，它的豪华是雄性的、富有气势的，带着炫富的表情，又颇具威严；第二，它有点"神经质"，巴洛克绝对是一种激情的艺术，它打破了设计上的理性，冲击着人们内心的宁静，有人说这是强烈的浪漫主义情怀，也有人说这种非理性给人梦幻而不真实的感觉。

相比巴洛克建筑、油画和音乐，巴洛克家具是其中比较有亲和力的。或许是因为要放在家里每天接触、使用的关系，没有人能够接受一回家，打开门，看到的全是令人激情澎湃、热血沸腾的场景，毕竟家不是用来征服的。可以说，巴洛克家具把巴洛克风格一分为二，只取其精华：浪漫。

生动、热情、奔放，多变的曲面，丰富的雕刻，华贵的金箔贴面，在现代人的眼光看来或许不够温馨，但在当时的贵族眼里，这样的家非常浪漫。

许多人因为巴洛克华丽的外形，就只顾着欣赏，而忘却了它的实用功能。巴洛克至今让人留恋的原因当然不止它的气质，在 17 世纪，打造巴洛克家具的能工巧匠把家具的每一个细节都打磨得非常圆润、舒适，每一次舒服的接触都让人印象深刻。

╱ 3
神秘的私人场所

从中世纪晚期开始一直到 17 世纪，欧洲的贵族家中有许多私密的地方，最具有典型代表性的是花园。16 世纪的英式城堡常常带有一个私人的小花园，很多至今都保存完好。慢慢地，这种隐秘性由室外转到室内，在许多富人家里，书房和卧室都是私密性极重的空间，带有极强的个人意义。联系到巴洛克被赋予的宗教性，摆放着巴洛克家具的空间，往往附加了强烈的情感。

在私人生活的主要空间——客厅、书房和卧室里，有火炉、桌子、椅子、凳子、床、榻等基本家具，比中世纪时的家具种类完整，因为此时人们已把室内装饰看得越来越重要。在 17 世纪，一位名叫里奥的荷兰富商写了一本书《论家庭》，里面描述了他和新婚妻子一起欣赏两人的爱巢的场景。当他们走进卧室，新郎小心地关上了门，在卧室的柜子里取出他所有的财物：银器、丝绸、珠宝，他把卧室当做密室一样，不仅收藏名贵的家具，也收藏自己最珍贵的财富。

那时，在有钱人的圈子里，很流行把情人带到卧室里向她们求爱，因为方便在这个安全的空间里向她们充分展示自己的财富。至于另外的原因，自然不必多言。

如果说卧室的私密象征着某种压抑的情欲，那么书房的私密性则更像是一个人渴望摆脱尘世、远离尘嚣的心情。16 世纪的书房，是主人寻求宁静的休憩之所，许多人觉得家里需要有一间独立的书房，那么他才可以在回到家中之后，享受真正的平静和休息。那时的书房无非是一桌一椅，高档些的会配上柜子，但大多会有锁和插销，这是隐秘性的保证。

今天，通过许多博物馆的收藏我们才知道，书房的隐秘性其实也并不像想象中那么高雅，男女主人之所以乐意独自待在书房里，那是因为许多人背着另一半，在这里写情书给情人。当然书桌的抽屉里自然也藏着许许多多的情书和信物，这些当然需要一个区域单独收藏！

在现代人的眼中，巴洛克和它诞生之初一样，总令人觉得难以亲近，潜意识里对皇权和高高在上的统治的厌恶，令现代人觉得巴洛克风格造成了压抑感。但巴洛克的艺术和设计风格，却在历史上拥有举足轻重的地位。庄重、威严、独特、不可一世，这就是令人又爱又恨的巴洛克。

带着浓厚的沙龙文化背景，洛可可家具营造着浪漫、

舒适、轻松又富有情调的聚会氛围。

洛可可（Rococo） 贵妇们的沙龙家具

野史中有这么一段著名的轶事：滑铁卢之战，拿破仑输给了能力平平的威林顿。当时拿破仑没有亲自指挥战争，他在帐篷里休息，原因是要吸食鸦片，吸食鸦片的原因是要止痛，他疼痛难忍的原因是他痔疮恶化，痔疮恶化的原因是穿紧身裤，他穿紧身裤的原因是当时整个巴黎都流行。这个故事说明了什么道理呢？那正是要告诉我们面对时尚，一定要冷静，千万不能盲目追求时髦。这也许是个大笑话，但历史上真有沉迷在时髦中而丢掉整个国家的法国国王——大名鼎鼎的路易十五，他和当年巴黎的一切时髦与时尚都有极大的关系，这里说的只是他时尚事业中极小的一部分：洛可可风格的家具。

1

路易十五式的"小女人家具"

如果说每一种风格的家具都有性别，那么洛可可式绝不难猜。一把洛可可式椅子，随意地摆放在房间的某个角落，就如同一个婉约的女子独自站立着。洛可可是一个美丽娇媚、聪明非凡的"女人"，她打败了那个流行了一个世纪的雄壮又奇怪的"男人"巴洛克，一举成为18世纪最受欢迎的风格。洛可可最要感谢的有三个人：齐朋代尔（Thomas Chippendale）、路易十五和他的情妇蓬皮杜夫人，前者是英国历史上最伟大的家具设计师，至于后面两位，种种传奇的风流韵事早已令他们声名在外，洛可可的诞生多亏了二人营造出的骄奢气氛。

让路易十五做皇帝真是一件"杯具"，这个内心充满热忱的年轻人在国家大事的处理上总是显得优柔寡断，最终把他的聪明才智都奉献给了巴黎的时尚界，留给政坛一个专横粗暴的面具。事实上，自幼丧母的路易十五从懂事起就特别渴望女性的温柔，相比君臣之间的关系，他更加享受女性的亲密陪伴。

这个以享受奢靡出名的法国国王对女人的态度真有点像《红楼梦》里的贾宝玉，在他眼里，女人是值得宠爱的。路易十五面对心爱的女人时，更是觉得买再多房子、再多珠宝、给她们再多仆人也不为过，这是个多么令女人心动的皇帝，因此前仆后继想要征服他的女人从未间断。虽然路易十五并非来者不拒，但身为国王，他对女人的态度决定了整个宫廷的氛围——从一群极为受宠的女人身上散发出的隐秘但浓郁的女权主义。

女人们共同的爱好就是闲言碎语的八卦，在这件事情上她们有无穷无尽的精力。不过对宫廷里的贵族夫人小姐们来说，在别人背后嚼舌根到底是件不入流的事情，配不上她们清高尊贵的身份，所以"沙龙"这个东西就应运而生。沙龙是意大利语，原意为"大客厅"，被法语引入后变成"贵妇们在自家的大客厅招待名流学者"的意思。早期的沙龙大多谈论文学和政治，渐渐地，话题越来越宽泛。一些评论家说沙龙是"革命的温床"，但在女人堆里，它也是流言和绯闻的滋生地。

八卦闲谈是很考验体能的，所以贵妇们首先要坐得舒服，才能聊得开心，一些精巧的家具便渐渐开始流行。除了外形轻盈小巧之外，她们也要求座椅、圆桌配得起她们的身份，因此富丽精美的装饰必不可少。洛可可家具上有一个鲜明的特征——波浪曲线，这是由模仿海滩上贝壳和岩石的造型而来。这些华丽的曲线可以让人们忽视家具上的接缝——在工艺不够出色的时代，接缝总是令人遗憾的粗糙点。

整个路易十五时期的家具又可以被称为洛可可式家具，可见这种风格的家具有着划时代的意义，它的诞生背后究竟有怎样的故事呢？

/ 2
国王情妇不得闲，力挺纤美新设计

谁也没想到，充满着浓重宗教色彩的巴洛克流行了一个世纪，到了 18 世纪会被一种轻巧、精美的风格取代。虽然巴洛克有令人不舒服的夸张色彩和怪异细节，但这毕竟是雄伟宫廷的习惯性姿态。是谁带着对权威的鄙夷捧红了纤巧精美、华丽细腻，又带着一丝柔媚的洛可可艺术？一手将之推上大雅之堂的女人正是路易十五大名鼎鼎的情妇——蓬皮杜夫人。

19 岁就穿着粉红色长裙坐在蓝色马车上，充满毅力地在路易十五会经过的草坪上日复一日地等待；历经种种坎坷，凭借智谋在宫廷的勾心斗角中取胜；踢走企图勾引路易十五的无名舞女、心思活络的贵妇、初出茅庐的富家小姐；亦靠着美貌和妩媚长久地留住了国王的宠幸——这就是蓬皮杜夫人。

洛可可风格的家具总令人感觉到浓浓的"小女人风情"，在女权主义暗自盛行的后宫，洛可可便是扶摇直上的时尚宠儿。

从每个家开始的文艺复兴　令人怀念的慢生活（14—18世纪）

在贵族眼里，这位得宠的情妇出身低贱，因此轻蔑的流言也不时传入蓬皮杜夫人的耳中。不过她并不以为然，以自己的努力一步一步铸就了不可动摇的地位。热爱艺术的她除了在歌唱和表演上有着极其出色的天赋，还对艺术和时尚有着强势且敏锐的直觉。当洛可可风格初露端倪，蓬皮杜夫人就以一个保护者和推崇者的姿态力捧这个新风格。

想知道一个情妇有多得宠，那得看她在皇宫里有多少特权。蓬皮杜夫人得到的权力几乎让她成了宫廷内的 CEO，独享"一人之下，万人之上"的至尊地位。谁想升官发财拉点皇亲国戚的关系，都得先巴结她。从生活到政治，从艺术到时尚，风云变幻都在她的一个微笑、一个皱眉之间。

蓬皮杜夫人喜欢蔷薇色，皇家塞夫勒瓷厂出产的瓷器便被冠以"蔷薇蓬皮杜"的名字；她兴致盎然地设计出一款新的宫内服饰，也被命名为蓬皮杜式便服。后来凡是她喜欢、她接受以及她点头的一道甜品面包、一部马车造型、一种花艺、一款新的化妆品或一双靴子都会和她的名字联系起来，成为皇宫里最高贵的流行款式。而民间也很快会从各个渠道得到时尚的信息，如同现在的人们每年期待着巴黎展、米兰展，从 T 台一场场发布会上获得下一季流行的信息一样，当时如果有时尚发布会，蓬皮杜夫人一定是一个全权策展人。

在时尚圈呼风唤雨了一阵之后，她很快变成了传说中的"洛可可之母"。

弗朗索瓦·布歇（Francois Boucher，18 世纪法国画家），当时的法国美术院院长、皇家首席画师，是蓬皮杜夫人的御用画家，他为后人留下了一幅绝佳的"洛可可之母"像。这张画可以说是洛可可艺术的缩影。画面上珠光宝气的蓬皮杜夫人显得非常轻盈优美，嘴角微抿的少妇带着点骄傲的神情斜靠在床上，她华美的绸缎裙子铺满了整个床面。画面右下角的小茶几则是洛可可式家具的典范，小茶几上的经典洛可可元素曲线、弯脚、雕花、缠绕的草茎与贝壳所组成的复杂节奏，无不诉说着当时崇尚的优雅。

洛可可风格的最大个性，是打破了艺术上循规蹈矩的对称、均衡，它以彻底反朴实的姿态在皇宫这个奢华的襁褓中诞生，成长为华丽轻快、拥有精美纤细之曲线的亭亭少女。在18世纪的法国，制作洛可可风格的家具是需要持有"上岗证"的，工匠必须加入家具行业组织，并且有组织授予的"镶嵌雕刻技术职称"，才有资格制作和销售洛可可风格家具。尤其是在1744—1751年间，出售家具的人一定会把自己名字或代号刻印在家具上的某个小地方，就像防伪标记一样，和山寨品划清界限。如果某一天你在巴黎的古董市场上淘洛可可风格的小家具，可别忘看看是否有出厂印记，这是洛可可独特的DNA。

值得一提的是，中国的装饰风格在欧洲洛可可室内装饰艺术中扮演了重要的角色。当时的整个法国，上至宫廷，下至老百姓，都是十足的中国迷。达官贵人都喜欢在家里挂上一幅中国画，或是摆上一个中国瓷器作为装饰，要知道那可是非常时髦和昂贵的。穿中国丝绸、喝中国茶也是有品位的象征。洛可可风格中的不少灵感都来自于中国，譬如柔软含蓄的东方线条、生机勃勃的花鸟纹样，都被法国设计师拿来表现在洛可可式的家具中，荡气回肠地记录了宫廷的空虚与腐朽的享乐生活。

明朝家具用极富科学性的方式来固定家具的接合处，利用
家具本身的材质——原木，打磨出牙板、牙条等造型。

明朝家具　珍贵的"明式神韵"

中国家具的发展，和上下五千年的悠长历史相比，虽然品种不算非常丰富，但独特的形式和神韵却令全世界着迷。在世界著名的拍卖会上，动辄百万的中国家具收购价令人咋舌，而最受收藏家青睐的，无疑是明朝家具。虽然能够保存至今的真正的明朝古董家具数量有限，价格更是惊人，但不少年轻人依然可以在本土设计师的作品中，觅得一些现代明式家具——当明朝独特的设计理念和当代艺术相遇，擦出的火花着实惊艳。

/ 1
一个神奇的朝代

明朝是一个神奇的朝代，中国四大名著中的三本《西游记》《水浒传》和《三国演义》都出自明朝。其实，这只是明朝的文化遗产中的一小部分。明朝的辉煌虽然不如唐朝的繁盛那般深入人心，但许多学者把明朝比作中国的文艺复兴时期，还是不无道理的。

西方的文艺复兴诞生了伽利略、笛卡尔、帕斯卡、波义耳、牛顿、莱布尼兹，明朝的文化界也是熠熠生辉，简直就像是一个造星工厂：唐伯虎、文徵明、沈周、董其昌、王阳明、罗贯中、李时珍、徐光启……这一大批群星灿烂的文化巨匠，可不都是你想象中的文艺男，他们中也有科学家。如数学家徐光启就与西方传教士利玛窦合作，翻译了《几何原本》的前六卷。

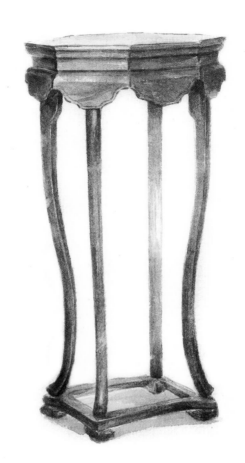

怎样的曲线才最符合中国文人的审美情趣？那便是恰到好处的妩媚与不动声色的弧度。

现在看来，纯粹的几何知识与精简至极的明式家具的诞生有着千丝万缕的关系。在大张旗鼓讲究"简约"的当代设计界，明朝家具的简洁仍令许多现代设计师赞叹不已，并且难以超越。精妙的黄金分割是明朝家具的基础，严格的比例关系精确到毫米，表现出简练、质朴、经典之美。这种外在形式与家具本身的功能也完全贴合，没有丝毫累赘。明朝家具的神奇之处在于，在它们身上，你完全找不出一个需要装饰的地方，多一分嫌繁琐，少一分则完全不对味。

另一个神奇之处在于明朝家具的卯榫结构。工业时代创造了钉子、胶条等，用来接合

无论是常规的大件家具，还是家具配件，或是一只简单的用来挂衣服的架子，都找不出可以挑剔的细节。

和固定家具的各个零部件，但在古代，制造精细的金属零件并不容易，明朝的能工巧匠们想到了更高明的手法攻克这个难题。

也许正是受到了《几何原本》的影响，明朝家具用极富科学性的方式来固定家具的接合处，利用家具本身的材质——原木，打磨出牙板、牙条等造型，这些字眼现在听起来已经很少有人能够理解，但只要想一想不用一钉一胶，就能让一个衣柜经历数百年之后仍然坚固又好用，实在是奇妙无穷。

纯粹的几何知识成就了精简至极的设计精神，哪怕是一只小小的凳子都拥有视觉上的舒适感。

/ 2

坐，请坐，请上坐

有一天，大文豪苏东坡到莫干山秋游，爬累了的时候看见一座道观，于是高兴地想进去小歇一会儿。道士见他穿得普通，便冷冷道："坐。"接着吩咐寺里的小童："茶。"

聊了一会儿，道士发现这个游客出语不凡，就让苏东坡进了大殿，之前的冷言冷语变成尊敬的"请坐！敬茶！"

进了大殿之后，苏东坡的妙语连珠令道士暗自佩服，终于好奇地问起尊姓大名，得知来者何人之后，赶紧毕恭毕敬地喊道："请上座！敬香茶。"

如果家具会说话

摆放装饰品的小家具，本身比装饰品更值得欣赏。

离别时，面对让自己题字留念的道士，苏东坡留下了流传至今的讽刺对联："坐请坐请上坐，茶敬茶敬香茶！"

从这个对联里也可以看出，古代对"坐"这件事情是很讲究的。在中国，椅子的名称最早出现在唐朝，但在唐朝的皇宫，皇帝贵妃们在日常生活中仍然坐得非常低。在此之前，中国古人，尤其是妇女，要"坐"可不是一件容易的事情。据说在战国时期，体面人家的女性只能跪坐。有一天孟子回到家里，正巧撞见自己的妻子坐在席子上，两条腿直直地伸了出来，妻子可能因为腿麻了想要放松一下，却因为这个"不雅观"的动作令丈夫勃然大怒，差点收到一封休书。

明朝家具的神奇之处在于，在它们身上，你完全
找不出一个需要装饰的地方，多一分嫌繁琐，少
一分则完全不对味。

从辛苦的跪坐时代好不容易到了明朝，坐才真正变成了一件享受的事情，因为此时诞
生了世界上最舒适、最精美的椅子——圈椅。

报纸上曾刊登过一个真实的故事：有一个住在北京、祖辈为官的富 N 代，家里藏着不
少好东西，整天游手好闲的他从十几岁开始就一点点地把家里传下来的宝贝卖出。等
到这个家终于落到他的手里由他掌管时，也只剩下大件家具最值钱了，于是他慢慢走
上了倒卖古董家具的道路，倒也积累了一些经验。

朴素的收纳柜散发着一种凌然正气，

表现出简练、质朴、经典之美。

1990 年代初，这个富 N 代在山西看到一对黄花梨圈椅，面对当时几乎为天价的 4000
元价格，他毫不犹豫地买下。果不其然，在北京收货验货时，恰好有一个朋友陪在身边，
也当场相中了这对圈椅，这位富 N 代便价格翻倍，以 8000 元让给了这位朋友。这笔
投资在当时看起来非常划算，买的两把椅子还没搬回家，就赚了 4000 元。这在"万元
户"说法流行的时代，令富 N 代非常得意。

明式家具中最著名的代表作——圈
椅，至今仍是许多中外家具设计师最
想挑战改造的中式家具。

但好景不长，过了 5 年，富 N 代在一次拍卖会上，看到自己当时转卖给朋友的这对黄
花梨圈椅被一个香港商人以 50 万的价格买走。这个场景已令他难以释怀，然而又过了
10 年，他无意中在一本杂志上看到，这对圈椅竟在香港的某场拍卖会上以 220 万价格
成交。这对圈椅的故事当然还没有结束，下一次再出现时，又不知会创造什么惊人的
拍卖纪录。

为什么圈椅如此受欢迎，为什么它被人们认为是明式家具科学性的典型例证呢？可以
论证的答案有很多，但只有当你坐在一把制作精致的圈椅上，背脊舒适地靠着 S 型背板，
双手搭在从后背延伸而来的由高至低的扶手上，才会感受到这从未有过的惬意。圈椅
的名字里之所有一个"圈"字，是因为它最明显的特征便是一圈背部连着扶手的设计。
它的整体造型圆润优雅，体态丰满劲健，非常有气质。

如果家具会说话

/3

寻神　造形　哗众取宠？

新中式设计的家具，绝大多数是在研究、传递和发扬明朝家具的特色。明朝家具主要分为五类：几案类、床榻类、椅凳类、框架类和屏联类。其中几案类和椅凳类是现代设计师最喜爱作全新演绎的。

新中式家具的设计在继承和追寻明朝神韵的同时，更在不断追求外在形式的突破。譬如椅子的颜色从单一的原木色转变为明黄色，这个西方人眼中非常中国的色彩，被覆盖在古朴的家具上，有了一种不同时空碰撞的感觉。有人觉得这种设计给人耳目一新的感觉，并且结合了传承与创新，正是新设计所需要的精神，但也有人觉得它太过哗众取宠。

新生代设计师们对此心存委屈，他们花了心思把传统的家具做了现代化的改变，让更多年轻人喜欢，何罪之有？然而中年收藏家们却固执地认为，经典之所以被称为经典，是因为每一个细节都是完美而不可取代的。

有一位明朝家具的收藏者说："欣赏明朝家具，不仅需要对美的赏析能力，更需要人生阅历，只有经历过人生浮华起落，才能真正感受到这些经典家具的魅力与其中的哲学思想。所以，年轻人不喜欢明朝家具是很正常的，总是人到中年就会慢慢开窍。"也许这个道理和我们总是到了一定的年纪才会发现古典音乐的魅力是一样的。

神奇的明朝，在中国家具发展史上画下了浓墨重彩的一笔。是当时贵族流行建造园林住宅的雅兴促进了明朝家具的发展；是郑和下西洋，从南洋诸国运回了大量的花梨、紫檀等高档木料，造就了明朝家具的辉煌；更是"经世致用"的哲学与美学成就了明朝家具的经典地位。

看到这张颇显富贵的床榻，你的脑海中是否出现了电影里常见的"富家公子侧躺着吸食鸦片"的奢靡场景？

清代家具　纨绔贵族的脸面与审美

在喧嚣已久的清宫戏里，家具永远是默默无言的背景。那些在故宫待了一辈子的清代家具，守着清王朝的大本营，见惯了皇亲国戚的尊荣与阴暗，冷眼旁观着八旗子弟的威风与落寞，在它们身上，深深刻下了清王朝的烙印：高调、挥霍、奢靡、金贵，没事儿喜欢高喊"旗人才是正统血液"。倘若你的宫殿或宅子里有一把用料讲究的凳子值得炫耀，那么我定是不能输给你的。当然了，吃着汉人供给的米粮，收着汉人供奉的银两，争着汉人交出的罕见珍宝，换作是你，还不好好折腾下自己的家？

如果家具会说话

在清朝家具的身上，深深刻下了清王朝的烙印：高调、挥霍、奢靡、金贵。

/ 1
从内敛到张扬

在雍正、乾隆时期，生活在大城市的老百姓们日子变得渐渐安稳起来，达官贵族们的生活当然更不在话下。与明朝永乐盛世一样，这个时期成了发展家具的好时代。好战骁勇的爱新觉罗的后代们，虽然并不都继承了祖先的优秀品质，但却都慢慢养成了喜欢铺张、讲究的习惯，《红楼梦》更是把清代"讲究排场"的特点刻画得栩栩如生。而到了皇宫里，更是规矩众多，即使是吃一餐饭，也讲究严格的"季节性"。在特定的节日里用餐，会在餐桌上放上一个大盒子，里面再放上 18 个珐琅盒，每一个盒子里都是一道精美小菜——这就是有名的盒子菜。用宫女的话来形容，餐桌上的风光便是"鸡鸭鱼肉那般只是粗吃"。吃的用的都如此讲究，餐桌当然就不好意思走太简约的路线。

清朝家具经过了一段从内
敛到张扬的时期，整个王
朝的个性和喜好在不同时
期的家具上展露无余。

如果说，日常生活的苛刻规矩是促进清代家具走向"富丽之路"的潜在因由，那么大
兴土木地盖别墅、造园林则是家具业繁荣发展的直接原因。在皇家园林的各个角落，
每一件家具的形式、用料、尺寸、装饰元素和摆放位置都有严格的规定——这些被认
为是一种至高的审美情趣与设计才华的展现。

有了这么高的设计要求，工匠们当然也不敢不赶这一趟时髦。为了讨皇室的欢心，他
们挖空心思、费尽脑筋发挥创意，把各种能够凸显皇家威严的装饰元素统统用在各款
家具上。以现代人的眼光看来，清代家具和简洁的明代家具相比，形式上的突破在无
所不能的当代艺术面前几乎可忽略不计，但装饰元素的变化却依然令人眼花缭乱。

因拍清宫戏而出名的"漱芳斋"，是故宫内一处未开放的神秘所在。清末时，京剧大师
梅兰芳曾应邀入宫，在漱芳斋演过戏。一直到 1922 年溥仪结婚时，漱芳斋还连续演了
三天戏，梅兰芳、杨小楼等名角都曾被请到那儿的戏台上。具有独特意义的漱芳斋里，

沿袭了明朝家具的简约造型，却又不妨碍清朝家具朝着华美的审美情趣迈进。

还有一些精妙的大家具，譬如一字排开铺满墙的一百多个矩形隔层，每一个隔层上的图案都不重复，皆是象征着吉祥如意的海棠花、扇子、如意等造型，非常值得赏玩。

乾隆时期有一对紫檀木四件柜，每个柜子高 210 厘米，宽 101 厘米，深 56 厘米，形态高大威严。门面上布满了浮雕装饰，都采用了顶级的牛毛纹紫檀，刀工娴熟圆润，非常精湛。柜子里的金属附件全部以鎏金装饰，外部看起来寓意"福庆有余"，而内部的划分也很科学，里面有两个抽屉，底部还有暗格。当你打开柜门、拉动抽屉时，会感受到抽屉的材质有着极佳的手感。整个柜子从内到外、从选料到做工、从打磨到装饰都一丝不苟，是乾隆年间紫檀家具中的顶级之作，这类家具往往是拍卖会上引人争夺的主角。

清代家具力争在外表上给人以前无古人的惊艳，于是家具的装饰性开始慢慢超越实用性，每一个细节都透露出了张扬的欲望。

对腰缠万贯的清朝豪客来说，
吸引眼球的新装饰是一件好家
具的必备素质。

/ 2
华贵的开始与奢靡的结束

明代的简约被拦腰斩断，清代的华贵渐渐崭露头角。或许从一开始，这种华贵的命运便会不可避免地走向奢靡衰败的结局。

有一个流传至今的故事，说的是皇宫如何采集木料。从皇帝、皇后到各个支系的皇亲国戚，他们在挑选家具时都对木材的要求甚高。清代最受富豪们喜爱的木料是紫檀木，这种色泽深、质地密、纹理细致、坚硬无比的木材非常珍贵。不过这样的木材并非在北京周边就唾手可得，于是一支"皇家采木队"被派往各地的原始森林，寻找、砍伐、运输那些品质最佳的木材。当时民间流传着"十人进，只有四五人出"的说法，可见采木工作的危险性，光是想到对付原始森林里的野兽，也够叫人胆颤心惊的了。

如果家具会说话

当一个人越来越沉迷于对家居空间的享受中，家具会不可避免、不知不觉地带上炫耀富贵的精神功能。

尽管木材在工匠们手中的演绎已经精彩无比，不过豪客们并不满足，他们想要看到更多有趣、别致又抢眼球的作品。木材究竟要怎样七十二变才能改变几千年来的面貌？不如试试"以假乱真"？就像那些出了名的玉器，虽是美玉的质地，却可以雕琢成一颗新鲜欲滴的白菜，或是色泽诱人的东坡肉，清代也出现了不少"模仿材质"的家具作品，工匠们把木材打磨、装饰成竹、藤，甚至是石块、青铜的造型，让人乍一看去真假难辨。另外，清代的漆画比较发达，许多流传下来的清代家具上仍然保存着色泽鲜明、清晰美观的漆画。

除装饰性之外，对清代家具后期功能的多样化，人们也给予了褒贬不一的评价。家具和人一样，好坏都得以时代背景来判断，如果清代就那样永远繁荣昌盛下去，那么花样繁多的清代家具会更受欢迎。当国门被洋人的炮火轰开，小姐少爷们却还有闲情逸致，

有着太多古董宝物需要展示
的纨绔子弟，当然需要一个
漂亮结实，又能撑得起场面
的收纳柜。

花一下午的时间赏玩一只百宝箱，那就多少有点"隔江犹唱后庭花"的感觉了。若真
是在闲暇的和平年代，也无可厚非，毕竟那些小巧玲珑的百宝箱，箱内藏盒，盒中有匣，
小抽屉里还有暗格，想要打开得费一番心思，确实有趣。有人说对艺术的欣赏，应该
抛弃时代背景来客观评价，但古往今来，又有什么艺术是能真正脱离政治背景的呢？

随着贵族们越来越沉迷于对家居空间的享受中，清代家具俨然已经拥有了炫耀富贵的
新精神功能，明朝简洁雅致的韵味也渐行渐远。而随着西洋文化的入侵，当时的广州
出现了不少"中西合璧"的家具。今天可以看到不少清代的广式家具都有着西洋装饰
图案或元素的痕迹，但这种尝试不如后期老上海家具那样成功，以至于令清代家具陷
入了良莠不齐的局面。

对清朝家具设计师来说，家具的形式、用料、尺寸、装饰元素和摆放位置都有严格的规定——他们认为这是才华的展现。

最终鸦片战争打响，帝国主义的侵略使清末社会处于动荡不安的氛围里，家具也渐渐开始粗制滥造起来，虽然还可以看出工匠们对装饰性的刻意追求，但此时的家具已经令人感觉浮夸且虚张声势了。

从繁盛到败落，清代家具就像是一本教科书，历史的教训让当代绝大部分家具设计师都聪明地秉持着"低调实用才是经典"的原则。那些在历史长河里偶尔张扬而夺人眼球的家具作品，它们无法像衣服、首饰那样可以批量生产，广为人用，注定只是一些带有实验性的设计品罢了。它们就像是 T 台上的新奇创意，必须沾上点儿"人间烟火"，才能在普通人家里住踏实了。

Part

混搭狂潮

（从 18 世纪至今）

迷茫中诞生的时尚

混搭，这个词语从诞生伊始就一直站在潮流前沿，炙手可热。一个"混"字，便让每个人都有了尽情发挥的理由。这年头，不"混"着来只能说明你不够时髦。正当服装界的设计师和潮人们把混搭玩得不亦乐乎时，室内设计界也逐渐刮起了混搭风。

如果把室内设计的混搭看做是在跟风服装界，那就大错特错了。从上世纪30年代的老上海风格开始，家具的混搭便拉开了相当"专业"的帷幕。东西方文化的跨时空邂逅形成的这种内在气质与外在形式的矛盾共存，就是家具混搭的真正魅力。

老上海家具将中西合璧发挥得淋漓尽致，这也是至今在东西方都最受欢迎的混搭风格。从17世纪欧洲贵族争相把中国饰品放在家中，比谁更有面子开始，东方设计如今又重新成为西方名流的新宠——富有禅意的中式圈椅，搭上一块雪白的羊毛垫，放在欧式的古典家具中，不由令人眼前一亮。

形式上的混搭给人强烈的感官冲突，视觉效果非常明显，而近些年逐渐流行起来的材质上的混搭则更富有深意。铁艺与原木的组合，是人们在工业时代怀念传统手工的温情；塑料与玻璃的搭配，是现代轻快生活中游牧族的游戏；石材与金属的融合，则是原始野性与精湛技艺的碰撞。

在你家的浴室里，除了洗澡、唱歌之外，你还能做些什么？有人就在他的浴室里午睡。

在你家的厨房里，除了烹饪、吃饭之外，你还能做些什么？有人就在他的厨房里办公。

不用怀疑，空间的功能混搭已经成为新的流行。现代人随意的生活态度形成了在家中如"流水"般随性随心的生活状态。在卧室睡觉，在书房办公，在客厅休闲，在浴室洗澡，在厨房做饭——这种硬邦邦的功能分割逐渐让现代人觉得不舒服，每个空间都得具备双重甚至多种功能才能满足现代生活。这，就是逐渐兴起的功能混搭。

偶尔搭错了衣服，可以用"混搭"来解嘲。但在家里乱放家具，却能让人一眼就看出糟心。别说住在里面的人，就连家具本身也会觉得难受和别扭。因此，出色的家具混搭案例大多出自名设计师之手。看似漫不经心的混搭，其实都暗藏着设计师想要出奇制胜、博人眼球的用心。当然，归根到底都是为了满足生活的美感和感官的舒适。

混搭，开始于一个迷茫的时代，当人们不知道还能再怎样创造出新的风格时，便把现有的时髦元素堆砌在一起，却不料，无心插柳成就了新的时尚，并且具有无穷无尽的变化潜力。家具，在混搭的空间，不亦乐乎。

老上海家具上往往有着许多精致的装饰品，不论是一面镜子，还是一个小烛台，都值得细细把玩。

老上海家具　华洋交融 MIX 风情

20 世纪二三十年代，上海滩的摩登奢华、活色生香，令人深深迷醉。老上海家具融合了那个"黄金时代"的浪漫风情，将传统的古意和西式的华贵近乎完美地结合在一起。怀旧风盛行的当下，觅几件古董真品也好，淘几款仿古品也罢，用来装饰点缀你的家，这份优雅精致，是现代工业机器绝对营造不出的。除了难以复制的风情之外，老上海家具另有一种独到而充满智慧的混搭方式。

/ 1

有故事的家具

1843 年上海开埠后，西洋家具商大批进入上海，直至 20 世纪二三十年代，在异国文化与中国文化的碰撞交融中，中西合璧的海派家具纷涌出现。

从精致的梳妆台，到慵懒的贵妃榻，甚至闲暇时的读报台……每一件老上海家具的身上，既有着浓浓的中国味，又透着不少欧洲古典家具的影子，设计和功能上都带有很深的时代烙印。

譬如，当时有一种沙发椅的形状相当奇特，靠背和座垫都是圆形的，椅腿很矮，椅腿底下还带着滚轮，有点欧式家具的味道，可又玲珑得过分。原来在二三十年代，上海虽然已是开放的繁华都市，但封建思想还是存在，大户人家未出阁的小姐仍不能随随便便地抛头露面。这种造型古怪的椅子便是专供小姐们在阳台上晒太阳用的，它的腿很矮，小姐们坐上去，头才不至于会露出阳台被外人看见。人们的这些小心思，被留在家具上，一代又一代地传下来。

又比如一种高背椅，椅腿、椅座都和普通椅子一样，但高到头部的椅背却突然在顶部伸出一个 20 厘米长十几厘米宽的拐角。这种椅子还是配对的，一个是左边有拐角，一个是右边有拐角，看起来非常奇特，任凭你怎么千奇百怪地猜测都不得其解，最后还是老人们揭开了谜底：原来，这种椅子是大户人家摆在豪宅里，坐在壁炉边烤火时用的，椅背顶部的拐角刚好能遮挡壁炉的热量，使人脸不会因炉火旺盛而发烫或被烤伤。

在上海话里，床头柜被叫做"夜壶箱"。许多年轻人跟着父母叫了十几年，长大后才知道原来每天睡觉靠在头旁边的柜子，名字居然是这么不雅的一个词语。夜壶箱在古代就有，那时候皇帝时不时玩个微服私访，到地方四处巡游，在途中，下人便会备着一只夜壶随身带着。那时候夜壶的设计简直精彩纷呈，一些高档的款式就像是青花瓷茶具，

粗制滥造的则像是山寨工厂不小心生产出来的次货。更有些随意的家伙，就在庄稼地里找个瓜，把一端切下，切下的那部分就当做盖子。

回到夜壶箱这个话题上，上海人在晚上大都习惯用痰盂，痰盂就是夜壶的一种。用完了痰盂盖上一个轻便的塑料盖，放进床头柜下的箱子里，到了早晨再倒出去，夜壶箱的名字由此而来。

左：每一件老上海家具的身上，既有着浓浓的中国味，又透着不少欧洲古典家具的影子。

中：老上海风格的户外家具非常有看头，和欧洲贵族的拿腔拿调不同，老上海的花园里更多了一份惬意。

右：一把老藤椅仿佛是旧时光的最佳代表，至今仍是许多老上海的最爱。

中：每一部老上海时期的电影都少不了唱片机及配套底柜这个道具，少了它，立刻就少了几分韵味。

右：海派家具一般打蜡抛光，不用漆，打蜡前用酱红色打底，色彩雍容大气，越擦拭越显亮堂。

左：展示老上海家具的咖啡店为现代都市提供着一片赖以偷闲的静谧之处，颇令小资派着迷。

/ 2
用料考究　达官显贵的身份象征

老上海家具的设计、用料都是当时最时尚、最前沿的。实木是老上海家具最常用的材料，深邃的紫檀、精巧的黄花梨……虽在当时已属稀罕的贵物，但这些木材本身的褐色或棕色，也许正是老上海家具风格的代表色。海派家具一般打蜡抛光，不用漆，打蜡前用酱红色打底，色彩雍容大气，越擦拭越显亮堂。

也许正是由于选材用料的讲究和金贵，这些海派家具在当时即价格不菲。所以即便是在那个年代，这些老上海家具也不是人人都用得起的，大多只有在达官显贵的家中才有。例如一张 2 米长 1 米宽的桌子，它是放在客厅一角，专给主人看报纸用的，面积够大，报纸可以完全摊开，看起来方便，这样的家具只有在大资本家或大买办的豪宅里才会出现。

左：带有美式家具风格的展示柜，在老上海时期非常受欢迎，它们也承担了重要功能：展示各种古董级的收藏品。

右：选材用料的讲究和精贵，让海派家具价格不菲，在当时大多只有在达官显贵的家中才有。

在当时使用这些家具的群体很小，拥有一套老上海风情的家具，似乎也是一种身份的象征。群体有限，数量就少，因此时至今日，老上海家具的收藏价值和投资价值可见一斑。

/ 3
有节制的审美　无限度的实用

如今市场上对老上海家具有许多误解和炒作，令不少老克勒们觉得好笑。从家具的美学理论上说，老上海家具是属于 ART DECO（装饰派艺术）的艺术流派。ART DECO 诞生于 20 世纪 30 年代，它是伴随着工业文明而兴起的机械美学装饰艺术，一直流行至今。当工业革命兴起，人类开始依赖机械的力量，对于美的认识和表现便有了改变，从建筑、服饰、艺术品到身边的家居用品都逐渐体现出工业美学的特征，ART DECO 的魅力得到了广泛的认同。

既然是从机械力量开始，按照如今的价值观来判断，自然是不如手工打造值钱的。可老上海家具的价格却直线攀升，在人们脑海中，老上海家具俨然已经是古董家具了，价格当然便宜不了。其实，老上海家具并不能算是属于古董家具的范畴，它们并不是高高在上的艺术性商品，而是完全以民用为主的生活类家具。90 年代初的时候，就有一些人开始倒卖老上海家具，但那时价格低得可怜，例如一个红木的玻璃柜只要 100 块，靠背椅只要 10 块。但随着老货越来越少，价格就开始一路水涨船高。

话说回来，除了炒作和情感因素，老上海家具受欢迎的最重要因素还是它灵活的实用性。这要归功于上海人的审美观——一种"有节制"的审美观。上海人通常不喜欢毫无节制、铺张高调，这和上海人的性格有关，美只是一个外在的条件，贴合真实的生活需求才靠谱。老上海家具在这一点上充分反映出了上海人的个性。

上海人喜欢清爽的外观和实用的细节，一件看起来小巧的边柜，顶部和两侧都暗藏着小抽屉和收纳格，适合储存琐碎的小物品。

矮矮小小的收纳柜，可以灵活地摆放在家里的任何
空间、任何位置，打开之后会发现门背后各镶嵌了
两面小镜子，这样的设计非常贴心。

尽管家具本身有强大的储物功能，但上海人还是喜欢清爽的外观，所以储物功能必须
得漂亮地隐藏起来。如今不少所谓的创意储藏功能设计，在老上海家具面前简直就是
班门弄斧。老上海时期，有一种非常精巧的边柜，大小是现在普通茶几的一半，台面
微微倾斜，可以放在家里的任何角落，也有人家拿它作小桌子使用。它看起来简单，
其实台面可以翻起来，翻起来之后露出八个小格子，里面可以分类摆放各种小东西：
账单、钥匙、常戴的首饰等等。边柜的两侧各有四个小抽屉，可以收纳一些大一点的
物件。光是一个小边柜就有八个格子、八个小抽屉，但外表看起来还是很雅致。

另有一些小柜子，打开柜门之后，会发现门背后有两面镜子，非常贴心。至于书桌则
几乎都藏有机关，可以翻折延伸的台面，暗藏的锁芯，等等。总之，都有惊喜等着你。

如果家具会说话

体积如一张凳子大小的小方桌，桌面附带有两翼，可以翻折开，变成一张长桌，足以应付狭小空间里的尴尬时刻。

TIPS 给老上海家具的收购迷们

识别真假老家具

看包浆：使用者的手经常抚摸的位置，会出现自然形成的包浆，新仿的包浆要么不自然，要么在不常使用的地方也做出来了。

看木纹：有些家具表面会出现高低不平的木纹，但要看仔细，是否是用钢丝刷硬刷出来的，硬擦的木纹总有一种不自然的感觉。

看雕刻：过去家具制作时在工时上比较宽裕，精雕细刻，圆润自然；新仿的家具，大多圆不够顺畅，方不够坚挺。

看铜件：有些铜件时间一长会有锈蚀的痕迹，还会泛绿锈，或高低不平等。有些考究的家具还会选用白铜打造拉手等，时间长了会泛出幽幽的银光，引人遐思。

左：这个小柜子就是大衣柜的浓缩版，非常可爱。它带有四块玻璃，可以拿来当做梳妆柜使用。

右：现代海派家具在传统款式的基础上，加重了印花图案与色彩的表达，更加浓郁地传递出老上海的风情。

几个简单的彩色圆圈就
能让单调的白色墙面变
得富有生机和梦想感。
（MAISON&OBJET 提供）

色彩的盛宴

/ 1
开篇

有一则广告，某个漆类品牌带着许多不同颜色的墙面漆，来到世界的各个角落，将原本破旧的墙壁、楼梯和房顶粉刷成缤纷的色彩，广告最后人们同样色彩斑斓的笑容给人留下了深刻的印象。据说，在墨西哥的贫民窟被粉刷一新后的第一个月，就连犯罪率都降低了。当你看到残破的小巷里突然充满了象征着无限生机的绿色，或是美好的明黄色，或是代表着宽恕和安慰的蓝色，那份犯罪的动机不知不觉地就被消减了。如果色彩真有那么大的力量，何不把它们引入家中，让我们时时刻刻在家享受到色彩的滋润？设计师正是这么考虑的，于是为家居空间奉献上了一道道色彩的盛宴。

craft
l'espace
métiers d'art

色彩，犹如魔术师的手，它变幻莫测，在我们的家中变出一场又一场绚丽魔法。
（MAISON&OBJET 海报）

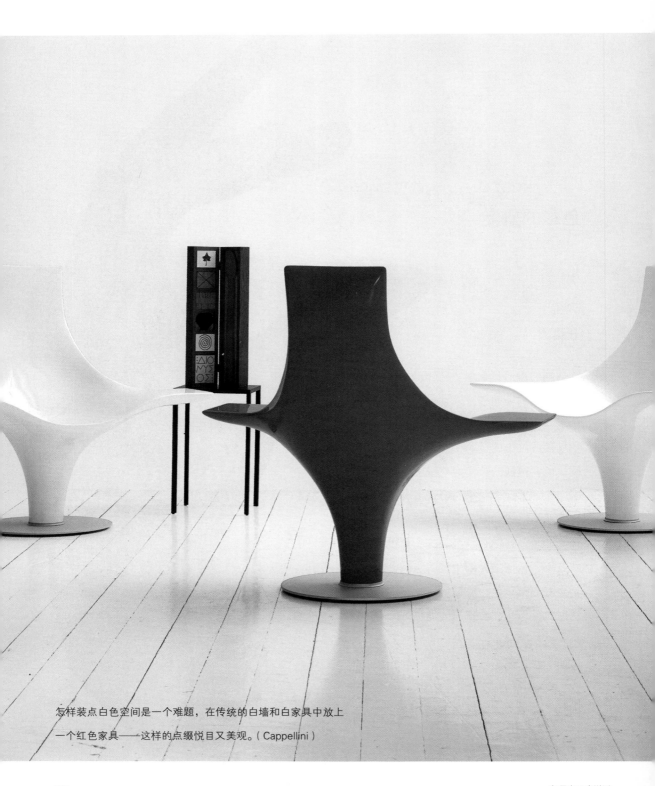

怎样装点白色空间是一个难题，在传统的白墙和白家具中放上
一个红色家具——这样的点缀悦目又美观。（Cappellini）

如果家具会说话

2

赤：热情　纵容身体的欲望

对于把色彩引入家居的概念，亚洲人似乎很晚才有，直到现在，新婚夫妇在装修新房时，还总被父母劝解：不要用大面积的彩色，等到看腻了该怎么办？在最难令人接受的颜色中，大概除了黑色，便是正红色了吧。

其实，正红色原本是中国传统里最受欢迎的颜色。但在如今东方人的眼里，这是一种看似喜庆，却总是摆脱不了若有若无的压抑感的色彩，这一点和金黄色有些相似。通俗地说，这似乎并不是一个普通家庭能"压得住"的颜色。

不过，西方设计师却为喜欢红色的人打开了一道门，他们用各种方式来化解红色的过于端庄。他们用西方人特有的热情创造出各种各样属于家的红色，告诉你那个回到家一甩包包，脱掉外套，没精神地扑倒在沙发上的时代过去了，对外部世界的热情需要延续到家里来！

红色的波长可达到 750 纳米，这个和人类的新鲜血液最为接近的颜色是心理学中的"心理原色"之一。红色是极能引起人们心理反应的颜色，那是最原始的反应——红色会激起人的雄性荷尔蒙分泌。运动员若想在运动场上有更好的发挥，不妨尝试穿红色。同样，艳舞女郎想要赢得最多的尖叫声，穿红色的效果当然要更好。

在家里如何适当地运用红色，的确是一个难题。在不少家居杂志大片上，我们经常可见，在一些纯白色的空间中放置一两件正红色的家具，鲜明的反差一下子便抓住了人们的视线，令人心生渴望。红色家具与白色空间的强烈对比，逐渐成为一种经典演绎。

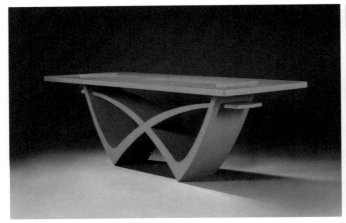

左：传统的红色与"变形"的家具线条，张扬的外形因为红色的热情而更加迸发出难以抵挡的设计魅力。
（Brinkman Collections）

中：当家具成为模块，可以简单地 DIY 拼搭组合，红色更能激发人们体验和玩耍的兴趣。（COD CUB）

右：红色在餐厅总能发挥最明显的效果，刺激食欲的同时，也令人充分享受到用餐的愉悦。（IKEA）

有人说白色的对比色是黑色，但红色又何尝不是呢？白色是纯洁，却也是死亡的象征。当哈利·波特在最后一集中，忽然来到雪白色的车站见到老校长，影迷们立刻反应过来，那就是死后的天堂。尽管平静、安宁，却缺乏生气——这是许许多多家居环境长久以来的通病。现在，设计师用一些红色的家具点亮了它，就像王子给沉睡了多年的公主的那个有魔力的吻，使其一下子有了新生命。

使用最多的红色家具恐怕是沙发了，而布艺沙发又首当其冲。过了一段时间，倘若你怎么看这张红色沙发还是不顺眼，又或者因为种种原因总是心跳莫名加速，好吧，你的确是不适合经常见到红色，好在布艺沙发套可以让你轻松地更换颜色。从另一个角度说，棉绒类材质的温柔感会削减红色的冲击力，让人们更易于去享受红色那具亲和力的一面。

最受老饕们推崇的红色家具则是餐桌，因为红色能够增进食欲。富有设计感的红色餐桌也越来越受到欢迎。尽管不少女人嘴里嚷着要抑制食欲才能减肥，但你知我知，压抑任何一种身体本能的欲望有多么令人难以忍受，就让我们在红色中享受点小小的纵容带来的快感吧。

员水果
茶包,
牛奶 方糖

3

橙：温暖　若有若无地挑逗着

在美剧《生活大爆炸》里，谢耳朵想要找一个代表孤独的颜色，想来想去，发现
orange（橙色）和任何一个颜色的单词都不押韵，于是把橙色定义为"孤独"。但很快
他就发现无论如何总不对劲。当然不对劲！要知道，橙色可是暖色调的成员，并且它
还是所有暖色调成员里最温暖的一个。

欢乐、活泼、温暖、光辉、明亮、丰收……介于红色与黄色之间的橙色，恐怕是所有
色彩里面负面新闻最少的一个。即使人见人爱的蓝色，也有忧郁阴暗的一面，但橙色却
永远健康、乐观，完美得没有一丝心眼。

橙色充满温暖的感觉，用它来
表达家具的精致感非常传神。
（ BD Barcelona Design ）

寒冷的季节，需要给家不断加温，除
了柔软的布艺，还要善于利用阳光的
颜色。（B.MARLY）

在家具设计中，橙色的家具或装饰品的表面往往采用反光材质，因为设计师想要加深它的光芒感——这一点和红色不同，正红色的光如果太强烈会令人感到压抑，但橙色，谁能拒绝阳光的温暖呢？

在扫除中国家庭单调色的大军中，首先扬起的应该是橙色的旗帜。总体来说，橙色是所有年龄层的女性都喜爱的颜色，而在世界大部分地方，在挑选家具和家居用品时，做主的往往是主妇们——就连单身汉也往往喜欢拉个红颜知己作参考，况且，男人自己也并不抗拒阳光色。

那么，橙色首先应该被用在什么家具上？答案并非沙发、茶几、柜子这类常规家具，而是橱柜。带有反光效果的板材被染上橙色之后，立即大受欢迎。有人曾经撰文呼吁解放"在厨房里流汗的妇女吧"，引入活泼动人的色彩让主妇们心情大好——这比鼓动妇女们摘下围裙冲出家庭重围来得更实际。

橙色运用在家具上的面积，比正红色要明显多一些。它们的个体并不如红色那么出彩，但是形成系列之后，却有意想不到的别致效果。例如橙色系客厅，用橙色的沙发、餐桌，

俏皮圆润的橙色座椅仿佛来自卡通世界，能为传统沉闷的家居注入新鲜活力。

（Leblon-Delienne）

再加上一幅带有橙色元素的装饰画，即可大功告成。你的家便从芸芸众家里跳了出来，变成了一个有主题的空间。

西方许多党派竞选时，都喜欢用橙色作为标志性的颜色来作宣传。为什么不用红色？或许他们明白，红色虽然醒目，但也很容易引起人们的反感。而橙色却有"润物细无声"的效果，看起来是具有亲和力的庄重，但潜意识里却也带有一种不可抗拒的怂恿和挑逗。

身处橙色的空间，人们会感受到若有若无的鼓舞力量。那不是激烈的、昂扬的，而是始终积极地推动着你的思维，让你慢慢意识到自己或许可以去实现些什么，尝试些什么。这样的正能量传递，可不是别的颜色能做到的。

重新看看家里的橙色家具吧，它或许是个功臣，日复一日地滋养着我们的自信和信念。

轻松、活泼又俏皮，这是浅浅的苹果绿带给我
们的美好感受。蓬松的坐垫更令人感到放松。
（SOONASLON）

/4
绿：自然　寻找内心的安全感

在大自然中最常见的绿色，品种也是最丰富的：橄榄绿、苹果绿、森林绿、水晶绿、茶绿、
葱绿……每一个名字都是这么美好，难怪我们形容一个很 nice（好）的人时，会说他／
她很 green（绿色）。但绿色出现在家居空间里的概率，却仍然和其他色彩一样，并不
高到哪里去。一些人会认为绿色有些偏"冷"，但随着五六十年代环保主义的崛起，绿
色逐渐成为人们装饰家居的宠爱之色，并且，这股热情已延续了几十年，拜各种自然
灾害所赐，人们对绿色的喜爱一定还会继续保持下去。

在家居设计师的手中，他们更喜欢用深绿拼暗红来让绿色呈现出一种古典感，或是用
偏柠檬黄的绿色来展现年轻又清新的潮流感。最抓人眼球的是荧光绿，这并不是一种
适合普通家居空间的颜色，因为恐怕没什么人会喜欢整天在家接受头晕目眩的"辐射"。

但在一些酒店、精品会所的设计中，出其不意地出现一抹荧光绿，如一把小椅子，一个小花瓶，甚至一个烟灰缸，也会让你驻足赏看，即便离开后脑海里还存留着那道光芒，并期待着有机会再来。

有人说，喜欢绿色家具的人内心缺乏安全感，就像野战队要穿绿色军服来保护自己，挣扎在快节奏的都市中、时常有窒息感的人们，回到家中需要享受一种私密的慰藉。没有一个时代比 21 世纪更加渴望回归自然，人们一边在三大产业里侵犯大自然，一边却又在时尚圈里高喊反污染、反皮草、反肉食……这种可笑的矛盾形成了产业链，影响到生活在城市里的每一个人。把墙面刷成浅绿色，在绿色的餐桌上吃饭，躺在绿色的沙发上休息，此时，家里似乎就是躲避硝烟的场所。

总体来说，绿色在家具上的使用是安全的，但是选择柔和系的绿色更为保险。浓郁的绿色有时会适得其反，带来压抑感。(Cappellini)

绿色虽和平，但却也和不少颜色格格不入，在搭配上也要费一番功夫。以前人们最不能容忍的搭配色之一是红绿色，认为其非常土气，但这对非常具有中国传统特色的颜色搭配却受到了西方设计师的喜爱，他们用红绿色创造出不少西方人眼中的东方元素，倒也别有一番风情。

中国人对绿色的另一个忌讳来源于"绿帽子"。耐克推出"SB 绿帽子"的笑话一度成为热议的谈资，大约可以成为一个经典的设计笑柄——当然，仅在我们眼中。绿色在家具上的使用是安全的，但有时浓郁的绿色加上一些冷色调，也会让我们觉得如同"脸色发绿"一般难以接受。

带一些灰色调的绿色显得沉稳而更富有格调，

这种保守的使用其实非常讨巧。(Cappellini)

挣扎在快节奏的都市中，回到家中需要享受一种慰藉，最能

代表大自然的绿色当然最能胜任。（MAISON&OBJET 提供）

褐色灯罩是比较常规的,但搭配五彩灯身仿佛积木般有趣,给人带来惊喜感。(MAISON&OBJET 提供)

/ 5

褐:雅致　永不过时的大地色

这里的褐色,用贴近时尚的词汇来说应该是"大地色"。大地色的种类非常丰富,基本上涵盖了棕色、咖啡色、米色、藕色等自然界色泽。2010 年大热的驼色正是大地色系中的时尚宠儿。

在所有的流行色中,东方人最能接受的就是大地色。以咖啡色为代表,这种中性暖色调没有侵略性,优雅含蓄,很符合东方的气质。亚洲人画大地色系的眼影尤其好看,大地色系的家则更加百搭,不论出现在西方或是东方的空间中,都丝毫不显突兀。

当初,人人都觉得大地色系只是一种非常保险的色系,2011 年寇依(Chloé)的 T 台上,某品牌化妆师用巧克力色的眼影为模特儿画出了非常具有 1970 年代嬉皮感觉的妆容,并且还毫不遮掩地保留了模特儿满脸的雀斑。大地色系的魅力再一次令人折服。

2011 年秋季巴黎家居装饰博览会上,亦有不少大地色系的家具和家居饰品亮相,复古的柜子、低调奢华的皮质沙发尤其惹人喜爱。设计师得意地宣布:大地色系是永远不会过时的颜色。如果你是追求潮流和实用兼具的人,就果断选择大地色系吧,尽管那可能会让你失去一点点个性,但每一件大地色系的家具都更加轻松地传达出品质感。

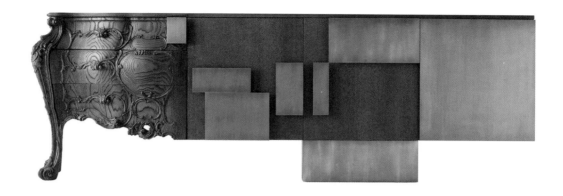

上：近几年，大热的驼色始终是大地色系中的时尚宠儿，独特的设计

让驼色家具成为经典。（Emmemobili）

下：大地色系的家具非常百搭，不论出现在西方或是东方的空间中，

还是和不同颜色的饰品相搭配，都不会显得突兀。（Alain Marzat）

/6
银：高贵　憧憬宫廷的梦想

谁说银色不是彩色的？银色当然是彩色的！一个全白的空间传达的思想是单一的，但银色的空间却可以非常丰富。家居空间里的银色，首先是从银器开始的。

银器在西方有着悠久的历史，如今一套银质餐具在欧洲仍被当做可以留给后代的传家宝。在巴黎的皇宫路上，像克利斯朵夫（Christofle）这样的银质餐具及饰品店，始终是上流社会的流连之地。银色，带着宫廷的高贵逗留在现代人的生活中。

正如欧洲人迷恋中国的瓷器，亚洲人也越来越喜欢买一套银质餐具放在家里，尽管他们很少会真正使用它，但看到一把背后刻着精美花枝图案的小调羹、一个可爱精巧的松鼠调味罐、一只四叶草小碟，就会立刻感受到慢生活的精致，这是银器在现代社会独有的价值。

就像在中国古代，人们用银筷子试毒，在欧洲，人们也认为银器可以驱邪。在如今出土的银器文物中，年代最久远的可以追溯到5000年前。在古代欧洲，银器并不只是器皿，更多地是用于宗教仪式，甚至还在某些巫术活动中扮演着重要的角色。因此，一种既神圣又神秘的感觉伴随着银器流传至今。

说到真正的银色家具，如今发达的材料研发技术让设计师得以用相对廉价的材质来打造出以假乱真的银质感。在那些银色的家具上，往往有刻意做旧的痕迹，流露出仿古的意图。这样处理细节当然并不是为了抬高家具本身的身价，而是透过银色来为一些人打开一扇怀旧的大门。那些憧憬、幻想着宫廷生活的人，或许能从这些家具中找到想象中的感觉，哪怕只是一瞬间——家，能够像舞台一样造梦，难道不奇妙吗？

银色家具颇能营造舞台效果，高贵的银色和镜面
带来梦境般的浪漫与迷幻。（罗奇堡家居）

/ 7
蓝：单纯　关上门做个孩子

极具人气的丹麦设计品牌诺曼（Norman）有一套非常经典的水蓝色家居系列，最上层是一个用玻璃和铁皮做成的烛台小屋，下面是凳子，长凳上摆着两只瓶颈蜿蜒而上的花瓶，再底下是两只内蓝外黑的碗。造型简洁却清新时尚，简直可以算是家居产品中的治愈系。许多人在看到它之后，猛然省悟：原来我的家竟然如此乏味！

水蓝色和天蓝色应该是蓝色系中最受喜爱的两种颜色，原因很简单，它们来自于大海和天空，我们创造了"海阔天空"这个词，又有谁不想拥有？家具所呈现出的蓝色，

左：层次分明的蓝色有着丰富多变的面貌，蓝色系的组合混搭其他颜色是非常有趣的尝试。（Cappellini）

右：蓝色的大气与品质感深受人们喜爱，因此出现在客厅的几率非常高。

大多是水蓝色和天蓝色两种。设计师都明白，最容易令人产生好感的蓝色，其实也非常危险。因为，它是所有色彩中最冷的一个。

勇气、冷静、理智、沉稳……蓝色所传达的品质始终是可靠的，欧洲的贵族被称为有蓝色的血统——这当然不是指卫斯理笔下来自外星的蓝血人，而是各方面都非常完美的意思。西方一些民族的传统婚礼上，新娘的嫁妆被要求有"Something old, something new, something borrowed, something blue（一件旧东西，一件新东西，一件借来的东西，一件蓝色的东西）"，可见西方人对蓝色的钟爱。因此，在家具设计上，西方设计师对蓝色家具的表达更是创意无限，热情无限。

如果每一种颜色都是一个孩子，当它们围在一起做游戏，天蓝色总是最温和亲切的那一个。（ Cappellini ）

蓝色家具也许并不完美，但往往具有年轻、单纯、顽皮的风格——这应该是当我们身处家里，完全放松下来，想要从蓝色上得到的东西。渴望自己的身体和灵魂都回到最初的时光，像个孩子那样任性地躺着、坐着、站着、蹲着，把一点小小的情绪都发泄出来，敏感的内心里不再封锁着什么，因为那单纯的蓝色可以包容一切。

　　　　　　　　　　　　　　　　　　　　　　　　如果家具会说话

/8
黄：醒目　复杂情绪的混搭

红绿灯中间有一个黄灯，选择这个颜色是因为它有警示的功能。黄色的警示功能是在人的潜意识里的，因为它在所有色相中最能发光，所以人们一看到黄色首先感觉到明快、耀眼。它给人欢乐的感觉，但有时却恰恰因为太过明亮，也令人觉得高傲、冷淡。

中国人对黄色的情绪很复杂，因为在古代黄色是权贵的象征，是只有皇帝才能用的颜色，这多多少少在老百姓的心里留下挥之不去的影响，有正面的部分，也有负面的抵触。因此，具有现代感的西方家具和新中式黄色家具有两种完全不同的味道。设计前卫的黄色北欧家具往往被混搭在一个具年轻感的空间里，营造出浓郁的波普风。而敢于用黄色设计的新中式家具，有时是对皇权的回望，有时也是渴望表达对过去的颠覆。

黄色家具的使用，并不那么容易，有时甚至难以应付。只有在百搭的白色背景前，才能随心所欲地摆上黄色家具。如果有别的颜色混在其中，对它们的明度和质感都会有非常细致的要求。

上：带有些许磨砂质感的姜黄色，为居室带来与众不同的艺术气息。（Arper）
下：剥去了一向稚嫩的外衣，带有工业感的不规则黑色条纹让黄色也流露出不羁的个性。（Richard Lampert）

左：让明亮活泼的黄色，点燃最灿烂的童真时光。（CARTELLA）

右：如果你喜欢黑白色的酷感，又希望加入一抹个性又年轻的亮色调，

黄色是最佳选择。（Cappellini）

如果家具也和主人一样是有性格的，戴安娜王妃应该有一把绿色的椅子，她有一颗翠绿般单纯的心，有时却又承载着墨绿的压抑；迈克·杰克逊应该有一张蓝色的床，他的内心一如水蓝色般清透，却又有着孔雀蓝的忧郁。不论是浓墨重彩的家具，还是黑白灰银的饰品，都是中西方家居设计师献给世界的最好礼物。色彩之于家具，就像是一次全新的生命。这世上，还有成千上万种大自然的颜色，人类的调色盘永远都跟不上，家具设计师们正不断地采集着所有颜色中最美好的，把它们带进我们的家。

左上：不论是东方还是西方，家中缺少色彩都成为长久以来的通病。彩色家具必定会迎来属于它们的时代。（MAISON&OBJET 提供）

左下：即便是最简单的彩色块状，也能以纯真的童稚感打动人心。（Les Pieds Surla Table）

右上：彩色的肆意表现带来更富有艺术气息的家具作品，让家具和装饰品之间的界限越来越模糊。（Neodream）

右下：蓬松又温暖的暖色调沙发，虽然外形非常普通，但也带给人满满的温暖。（IKEA）

浴室　回到一边泡澡一边见客的时代

17 世纪的欧洲，贵族们还习惯一边沐浴，一边接待客人。为了不过分暴露，就在水中加一些牛奶、香精、花瓣，这样可以让水变得浑浊，不那么一览无余。隔了四个世纪之后的卫浴广告大片里，马桶、浴缸已经成为偌大空间里的背景，书架、休闲椅、衣柜、小边几等原本应该在客厅、卧室里的家具纷纷出现在浴室里。新的口号出现了：除了洗澡，浴室还有更多用处。这就轰轰烈烈地扬起了空间混搭的大旗帜。

如置身花园之中的双人浴缸，是拥有细腻情感的女设计师在浴室里的大胆尝试，开辟出了新的享受功能。（Hansgorhe）

浴缸里的每一件东西都带有浓重的个人印记，凳子、卡通玩偶等，
每一件都经过精挑细选，流露出主人童真的一面。（Hansgorhe）

浴室 无惧见光

又到了夏特莱夫人沐浴的时间，楼下那个新来的叫做隆尚的小男仆显得特别紧张。因为上一次夫人洗澡的时候，抱怨他把洗澡水弄凉了，于是他诚惶诚恐地提着一壶滚烫的热水上楼去加水，在门口就听见夫人喊着：快点儿！这水实在太凉了。隆尚赶紧就走了进去，却见夫人依然坐在大澡盆里，看见隆尚愣住的样子，越发生气地催促他快点加水，因为自己已经被冻着了。

隆尚只得动作僵硬地高高拎起水壶，眼睛盯着那清澈的水里的女性胴体——里面完全就是清水，没有混入牛奶，甚至连花瓣都没有。夫人图省事，也没有站起来，而是选择了一个让仆人更加尴尬的方式，来避免自己被热水烫到：她堂而皇之地张开了腿，让仆人把热水加到澡盆中间。她的腿分得那么开，没有一点儿难为情，隆尚生怕夫人再发火，只得慢慢地把热水全部倒进沐浴盆里，然后立刻闪人。

从乡下来到大城市的隆尚，不明白那些高贵的夫人怎么会这么随便地让别的男人看到自己一丝不挂。天真的他当然不会想到，在那些贵族眼中，根本没有把佣人当做同等的生命来尊重，这就好像你不会羞于在你家的狗狗面前脱衣服一样。当时贵族夫人们去西餐厅用餐时，甚至会因为天气炎热，脱得只剩一些饰物和薄纱，简直就赤身裸体了。

但仆人不需要弄清楚主人心里到底怎么想，隆尚渐渐适应了这样的生活，每天早晨起床换衣服时，夫人也会毫无顾忌地当着他的面脱光衣服，再一件一件地穿上华丽而隆重的裙子——最近，荷兰有位男士，因为受不了女同事吃冷饮的时候拼命伸长舌头舔冰棍的销魂景象，而想要告后者性骚扰。这么说来，当时的夏特莱夫人简直就是强奸犯了。

说得有些离题了，之所以讲夏特莱夫人，是为了回望一下曾经的卫浴文化。以夏特莱夫人为代表的一群妇女解放的先驱，虽然情人不断，但事业上也有所成就。譬如拥有

卫浴间的舒适感，并不是由设计师帮你布置好之后立刻就会产生的，而是在一日日的使用中，慢慢变得越来越贴心。（Kaldewei）

四个情人（其中一个是大名鼎鼎的伏尔泰，另外三个则是科学家）的夏特莱夫人，是第一个将牛顿巨作《数学原理》翻译成法语的法国人。此外，她和她的伙伴们以反封建反传统的精神，向所有人打开了浴室那间神秘的大门。

如今的浴室广告大片上，空间都显得特别大，可惜大部分寻常之家还是把最小的那块地方给了卫浴。尽管也有革新性的设计师会把浴缸放在客厅里，或是搬到阳台上，但毕竟也只出现在那些精品酒店或设计性酒店里，能把家那么布置的人少之又少。

正如各种张扬的家具逐渐被人们所接受，卫浴洁具的设计感也越来越强。1994 年，设计师朱塞佩·帕斯夸利（Giuseppe Pasquali）为卫浴先锋品牌 Agape 设计了一款具有流水线条的台盆，开始让人们意识到卫浴空间即将发生天翻地覆的创意改变。台盆柜不再是简单的双台盆和单台盆，圆的、方的、印花的、透明的、釉面的……统统进入人们视线；浴缸的选择就更令人眼花缭乱了，老牌的卫浴品牌都仿佛语不惊人死不休地催促着设计师，把一只只浴缸当雕塑来生产。不过，要让人们为成为奢侈品的浴缸买单，就得有一些别的说法。卫浴空间的功能化成了各种可供挖掘的切口，在卫浴间可以小睡、看书、听音乐、上网，简直无所不能，对了，还有搞情调，哪儿还能比得上浴室更有氛围？

从人类开始真正拥有居家生活的那天起，睡一个安稳觉
和洗一个舒服澡是家带来的最重要的东西，浴室走向奢
华可以说是不可避免的。（BISAZZA）

如果家具会说话

上左：浴缸的造型变得越来越随心所欲，这背后有着高科技铸造工艺的支撑。（KOHLER）

上右：当沐浴如同淋雨一般畅快，浴室就不仅仅是一个洗净身体的地方，更是一个追寻欢乐的乐园。（Hansgorhe）

下：古往今来，贵族们的卫浴间始终充斥着诱人的传奇。璀璨光泽的马赛克墙面演绎出现代高端浴室的顶级奢华。（BISAZZA）

如果家具会说话

也许是对古典主义的浪漫想象，复古的独立式浴缸越来越受到现代人的喜爱。（SICIS）

/ 2
偷窥狂们的聚集地

卫浴文化无论在哪个国家，都有很长的历史可以追溯，并且都绝对香艳，成为历史上一代又一代人茶余饭后的谈资。距离现在最久远的浴室故事恐怕要数汉成帝。这个在历史上坐拥"飞燕合德"赵氏姐妹的幸福皇帝，私底下还是偷窥狂，好在偷窥的是自己的老婆，但好事者都认为，皇帝既然有偷窥的毛病，又怎么可能只看自己的老婆？他可能看不到别人的老婆，但想要偷看几个宫女洗澡那是再正常不过的了。

汉成帝的偷窥病是被他的老婆逐渐培养出来的，她就是赵氏姐妹中的妹妹赵合德。从赵合德在皇帝晚年时不断用各种春药来享受皇帝的专宠来看，这个女人当然不是简单的角色，她的浴室一定比夏特莱夫人的更加奢华炫目。赵合德的精美浴缸上有罕见的蓝田玉镶嵌，在夜色的掩映下，散发着幽幽的光芒，为超大浴室铺陈开一种故事即将发生的情调。妃子沐浴原本便非常撩人，奴婢丫鬟们一群群地伺候着，花瓣香氛，再加上四处氤氲的水雾——这一幕浪漫得很不真实的场景碰巧在某天晚上被汉成帝不经意间撞见了。

任何一个美人若刻意邀请心上人来观看自己沐浴，效果都不如意外地撞见更令人惊喜。因为从古到今，"妻不如妾，妾不如妓，妓不如偷，偷不如偷不到"的感受是深深种在每个男人心里的。在现代人看来，赵氏姐妹中，汉成帝从开始到最后都更喜欢赵飞燕。论相貌和舞技，飞燕凭着秀丽粉嫩的面容和盈盈一握的小蛮腰确实更胜一筹，赵合德能从近乎完美的姐姐手中抢到皇帝的垂青，沐浴一战功不可没。

当汉成帝透过窗缝看到光溜溜的爱妃浸在热水里，因为没有发现自己的到来而露出难得的怡然自得的神情，不禁被迷住了。平时百般妖娆献媚的种种已经让他对女性美有些麻木了，忽然见到女人在最私密的时刻露出天真的姿态，即便贵如皇帝——但仍是一个男人，还是如此不可抗拒。

自从第一次看到合德沐浴后，汉成帝便一发不可收拾地变成了偷窥狂，男人都能理解，因为偷窥是最刺激也最减压的事情。

皇帝迷恋偷看自己洗澡的事情最终传到了当事人的耳中，如果她疯疯癫癫地跑到皇帝面前撒娇地说"你真坏，怎么偷看人家洗澡"，那她就不是历史上的赵合德了。好不容易有了胜过姐姐飞燕的地方，合德反复思量之后，决定将计就计，让皇帝继续神魂颠倒地迷恋下去。

怎样能保留皇帝的新鲜感呢？赵合德编了一套"洗澡舞"，这套舞蹈的精髓就是"欲擒故纵"。粗鄙地说，就是那种眼看她要站起来，马上就要露点了，却又好像发现哪儿没洗干净，又坐了下去。至于那一坐、一站，似是不经意地撩水这些动作，脸部应该配合的表情，是否该适当地发出娇嗔的声音，统统都经过了赵合德的反复设计和练习。当然，还有至关重要的一步是浴室的布置，利用暖色调的布艺、朦胧的光线来烘托出暧昧的气氛。回看赵合德的浴室，完全已是现代卫浴商业大片的模板，尽管没有高科技的设备，但奢华之气令人心驰神往。

一出风情无限的美人沐浴图深深勾住了皇帝的心，以至于赵合德在很长一段时间都在研习如何穿衣服的姿势最美。这让赵飞燕心里极度不爽，不就是洗澡嘛，谁不会？凭着自己远近闻名的舞姿，洗澡时应该更漂亮。她找了个机会把皇帝引到自己的浴室，和他一起洗鸳鸯浴，还像在海滩上那样朝着皇帝泼水，汉成帝对着娇妻并未发火，但内心恐怕是无语至极——干瘪的身材只适合跳舞走秀，至于洗澡么，还是丰满些的比较有风情。

著名的高跟鞋浴缸满足了全世界热爱高跟鞋的女人，拥有这样一个独一无二的浴缸是否也是你的梦想？（SICIS）

左：即使在蜗居的小浴室，也可以选购到合适的复古的饰品和卫浴家具来装扮出一个富有情调的实用卫浴间。（IKEA）

右：高精度的喷绘壁纸为狭小的空间带来小惊喜，只要有想法，卫浴间的面积从来都不是束缚创意的罪人。（Plage）

混搭狂潮（18 世纪至今）

奢华无极限　沐浴赛神仙

从人类开始真正拥有居家生活的那天起，睡一个安稳觉和洗一个舒服澡是家给予人最重要的东西，前者是与"以天为庐、以地为席"的原始生活的最大区别；后者，则是在安稳生活的基础上更上一层楼，这层楼始终在永无止尽地增高中。

1968 年，在水泵技术发展的推动下，第一款带有按摩功能的浴缸问世，让人们开始流连浴室里的时光。到了 2010 年，帕特丽夏·乌古拉（Patricia Urquiola）为德国著名的卫浴品牌汉斯格雅设计了奥奇拉（Axor Urquiola）系列产品，这位情感丰富、心思细腻的女设计师布置出了一个仿佛绿野仙踪里的浴室，两个一模一样的浴缸并排摆放在浴室的正中间——双人一起沐浴的画面呼之欲出。浴缸的周围则松散地散布着各种实用的物品：凳子、屏风等，每一件都经过精挑细选，非常有设计感。帕特丽夏所传达的理念是一种与自然无限贴近的充分放松，亦是人与人之间摆脱一切束缚、零距离贴近彼此的美好理想。也许在不久的将来，和朋友约会的地点和内容会变成：来我家一起泡澡吧！不分男女，姐妹淘和哥儿们都乐意在享受 SPA 时聊天。

纯白色的卫浴空间教会更多人懂得享受白净的纯洁，在私密的浴室彻底释放一切心灵负担。（Hansgorhe）

卫浴间的配件虽然大都是冷冰冰的金属材质，但简约的结构
和精致的做工也能让它们为浴室增添品质感。(JOOP!)

不过，要实现这个令人激动的画面，也许要等到下一个时代——因为这些理想世界的
卫浴设计都对空间有着极大的甚至可以说是"奢侈"的要求，一般的家庭恐怕很难会
用一个 20 平米的房间来做浴室。在畅想欢乐的未来之前，不妨先回过头来看看，曾经
的奢侈浴室里还有些什么令人神往的享受。

如果说赵合德的浴室是充满引诱与香艳之气的 SPA 馆，那么慈禧太后的浴室则是个高
贵、庄严、规矩森严的宫殿。作为清朝最著名与最顶级的美容大王，慈禧深谙各种保
养之道，那些流行至今的清宫美容秘笈，多半是从慈禧的保养师那儿流传出来的。其中，
沐浴环节当然是每天的保养功课里至关重要的一步。

也许慈禧太后早就知道经常泡澡也容易让肌肤松弛，所以更多时候她还是选择淋浴。
在没有煤气和电的年代，慈禧太后的"花洒龙头"就是那群奴婢们，没准有时也是太
监们。走进她的浴室，会看到一张霸气外露的凳子，凳子的每条腿上都雕刻着威严的
盘龙，好像正殿的皇位一样，令人肃然起敬，慈禧就是坐在这张凳子上洗澡的。奴婢
们会准备满满两大盆水，一盆是用来洗上半身的，另一盆则是洗下半身，不能混淆是
最基本的要求。当然，奴婢们还得严格控制水温，保证洒在慈禧身上的每一滴水都温
度合适，否则这罪名几乎就等于"损伤龙体"，可是有掉脑袋的风险的。

现在的理发店里什么最多？不是梳子，不是电吹风，不是发胶，而是毛巾！生意好的
理发店需要保证每位客人洗完头之后都有洁净的干毛巾擦头，所以店里往往会准备有
上百条毛巾——这没什么了不起，慈禧太后洗一次澡就得用 100 条毛巾。首先，毛巾
和她的专座一样，为了显示出它们的尊贵和与众不同，条条都用丝线绣着金色的龙，
100 条毛巾，就有 100 条金龙。它们被分成好几叠，用来擦身体的不同位置，为了区
别每一叠毛巾，上面所秀的龙的造型和神态都是不同的。有单龙戏珠、神龙摆尾、金
龙喷水等等，每条毛巾只能擦一次，也就是在身体上蜻蜓点水地吸掉些水分——用力
地擦拭皮肤和头发，都是不被允许的。有人戏称，慈禧太后洗澡就像是一幅扔毛巾图，
一条接一条，好不热闹。

洗澡这件事情，在中国是一个集体式回忆。在特殊的年代，大部分人都有过去澡堂的经历，那部名叫《洗澡》的电影，也记录了那些温馨感人的片段。如今，我们已经拥有了自己独立的卫浴空间，这是卫浴文化中新的开始。卫浴家具的更多变化使得浴室越来越吸引人，如今在装修时，浴室几乎都是耗费最多的一个空间。这就是卫浴的魅力，空间是单调的，但卫浴家具赋予它多功能的特性，而随之营造的氛围也深深捆绑住了人的心。虽然，卫浴空间要实现真正的功能混搭，和空间大小有着密切的关系，但在一个个小浴室里，我们也已经看到了人们在享受着沐浴之外的许多事，不是吗？

左：具素净感的卫浴间在崇尚自然的现代，也非常受欢

迎。有时，减少繁复的装饰能让人倍感轻松。（Agape）

右：艺术气息的自然流露，不动声色地为极简主义增添

了一抹温情，自成一道赏心悦目的风景。（Agape）

卫浴间的极限享受是什么？突破空间的设计和高科技的力量告诉你答案。（LIXIL）

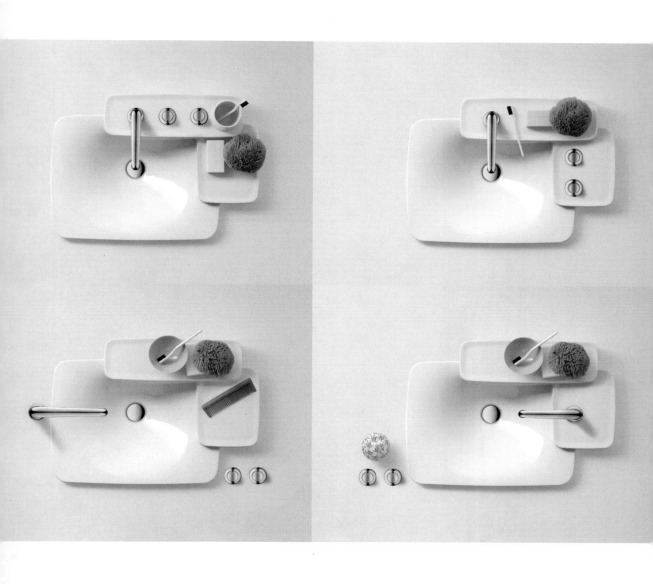

左：小巧的圆形浴缸，摆脱了单调的白色，灰蓝色和一圈圈的凸起
装饰让年轻一族们拥有更多选择。（Agape）

右：一张台盆可以有多少种用法？窄窄的台盆边缘上多加了两块小
区域，就让收纳琐碎物变成一件有趣的事情。（Hansgorhe）

把书房搬进卫浴间？有什么不可以！多功能的家具让空间再无界限。（Hansgorhe）

波普摇滚乡村都市麻辣烫

瑞典皇室的公主闺房，听起来就令人无尽遐想。推开那扇沉重的高耸着的卧室之门，也许会令你大吃一惊：卧室几乎被古典元素包围，雕琢繁复的吊灯、印有细腻印花的窗帘、精致高贵的洛可可风格家具，以及金碧辉煌的画框内皇室历代成员的画像，这一切都令人仿佛穿越时空回到了 18 世纪。但一张床的出现却又打破了这种幻觉——那是一张现代简约的蓝白格子床，因为公主格外偏爱这个德国奢侈床垫品牌，所以就大胆地把这张床搬进了皇宫。有瑞典公主大胆美妙的混搭勇气作鼓舞，世界各地追求个性的人们都开始行动了！

瑞典皇室公主的闺房是否和你想象中完全不一样？古典元素中出现

的蓝白格子床，就像现代少女闯进了古代宫廷。(Hästens)

左：关上灯之后，如此华丽高调的床架是否让你感觉仿佛置身拉斯维加斯的迷离梦境中？（Formitalia）

右：当像蒙娜丽莎一样的贵妇做起不同的鬼脸，不禁让人想起波普艺术的开创经典"玛丽莲•梦露"头像印刷艺术。（Bitossi Home）

/ 1
波普即图案、即色彩、即癫狂……

当一个单身汉的公寓里出现几幅印有玛丽莲头像的装饰画时——你可以简单地认为这是他的幻想对象，却也可以拔高思想的高度，把这种装饰看成波普艺术（Pop-Art）的入侵。

可以说，年轻人意识里的家居混搭风，很大一部分是从波普艺术开始的。中西混搭、现代与古典混搭这些大课题对他们来说太深奥。混搭？那不就是打破规则，随性而为吗？还有什么比波普更容易为人接受的混搭呢？

起初中规中矩的家具们，忽然迎来一位"怪异"的客人：它的图案虽张扬，倒也通俗易懂，因此不显得高傲；它的色彩虽夸张，倒也艳丽热情，因此有几分悦目；它虽外形不羁，倒也自成一体，因此颇有风格——这就是波普的魅力所在。

左：当古典外形的家具和充满现代感的创作相遇，会给人非常特别的"不羁"之感，这是创意与设计所带来的妙趣效果。（Formitalia）

右：充满静谧感的暗哑色调空间，挂着一幅很酷的装饰画：象征着工业时代的汽车图案为家注入活力。（MARCHETTI）

每一种艺术要走进家居空间，都必须找到一个最合适的载体，波普的载体始终是印刷，所以它往往通过布艺类家具来表现和传达。布艺沙发成了波普艺术在家居空间里的最典型代表，卓越的布艺印刷技术让打印沙发成为可能，家具成了画布，你可以随心所欲地描摹心中所想象的画面，哪怕只是梦中一闪念的灵感。这已经足够吸引人了，对想要表达自己的年轻人来说，在外面的世界里低调做人、谦卑做事，回到家可以在私密空间里放肆一下，自然令人兴奋！

波普在家居环境里的典型图案是卡通形象、水彩风景和幽默的动物造型。在琳琅满目的家具中，波普风格的家具系列往往是最抢眼的，它本身就以一种混搭的姿态和精神吸引着年轻人。不论在哪个年代，反抗主流价值观、表现自我、标新立异都是年轻人的精神指向。浮华、性感、短暂、通俗，这些特征是优点，也是缺点。波普风格让家具有了非同一般的个性，由此掀开了家具故事中新的一页。

/ 2
摇滚不死！点燃家的激情

摇滚精神的散播范围似乎无限宽广，或在五光十色的舞台上，或在"憋屈"的一方小小的家居空间里，有趣的是，它的表现形式各不相同，十分丰富。摇滚作为一种音乐，落在凝固不动的家具上，却是此时无声胜有声。

暖色系明亮、温暖，鼓舞人心，带有艳丽色彩的家具首先以摇滚的姿态登场，它所要表达的是摇滚精神中最广为传播的：爱与和平。这个全人类共同的话题大得有些不着边际，换一句正流行的话来说，就是这些家具在传达"正能量"。都市的快节奏生活令人压抑，每天所产生的负面情绪渐渐蔓延到家里，许多上班族患上了"下班沉默症"，越是在工作中讲话多的人，回到家却连招呼都不愿意和家人打，每天回到家就宅在房间，甚至长达数月都不和家人聊天说话。对待亲人的冷淡，成了一种病。也许你没有想到，改变家具对改善心情也会起到一定的作用。富有摇滚精神的鲜亮色彩是一种心理暗示，让你黯淡的心情变得雀跃起来，潜移默化地让你感受到鼓舞、振奋的力量，消除负面情绪。

左：酷酷的金属质地所营造的"冷氛围"是摇滚人士所钟爱的，暖色、冷色皆是摇滚人的个性。（Scavolini）

右：永远在路上的激情也许在现实世界被消磨了，但贴心的家具却让人重温少年时的梦想。（Meritalia）

除了正能量之外，在摇滚里还混搭着另一面，那是阴暗的一面：享乐、纵欲。看似疯狂快乐，却隐含着悲观与虚无主义的颓丧。但请放心，当"颓丧"走进人们的家门，只是作为一种另类的装饰，都市人有时也需要"为赋新词强说愁"的消遣。印有汽车、飞机等图案，带有荧光色、金属做旧的家具，对某些人来说会有意想不到的"解压效果"。他们通过摇滚中的"放肆"，来宣泄心中的情绪，幻想自己站在迷幻的舞台上，如此沉醉一番，岂不美哉？

把摇滚简简单单地看成是音乐的一种形式，那是非常狭隘的。在许多人心中，摇滚更多地是透过音乐来传达思潮、文化。那么摇滚精神究竟是什么？当它走进家居装饰之后，演绎的又是怎样的风情？它仅仅是一种新潮的装饰，还是人们对家的态度发生了新的转变？不必细想，不如在家增添一件"摇滚家具"，先感受一下它的魅力吧。

如果家具会说话

左：Rock！还有什么比岩石更能代表摇滚乐？
坚硬不羁、粗狂肆意的岩石是对传统家居审美的
挑衅。（Diesel）

上：赛车迷一定很喜欢这款边柜！它天生就带着
火热的法拉利般的速度与激情。（Jetclass）

右：在那个特殊的年代，带着深深的时代烙印的
钢铁工人也成了摇滚派最爱表现和模仿的"工人
力量"。（Jetclass）

混搭狂潮（18世纪至今）

/ 3

乡村都市　墙里墙外的对望?

想要放松心情时，许多人会听乡村音乐。Countryside（乡村）的魅力在于大自然留在都市人心中始终纯真无邪的印象。大都市有一种令人虽厌恶却又无法离开的魔力，在城墙之内的人们只有通过周末郊游到城外放放风。

随着混搭主义的盛行，乡村风格迷们便立刻把带有浓浓田园气息的家具搬回家，于是，"一半乡村、一半都市"的混搭方式成为新的流行。带有乡村风的家具展现并强调自然之美，大多采用竹、藤、木、陶、砖、石等天然材质，并没有精雕细琢的细节，但如枝条缠绕般的雕刻却很常见，给人亲切、柔美之感。

与乡村风格背道而驰的是充满工业设计味道的现代摩登风格，精密的切割，完美的塑形，缤纷的色彩，拥有这些特征的家具充分展现着现代工业的全能。它们所提供的舒适性和新鲜的视觉感，与乡村风格的质朴形成强烈对比，犹如墙内墙外的纠结对望。

就像乡村音乐一样，乡村风格在家里营造的是轻松又纯真的感觉，
拒绝压抑和装饰痕迹太过浓重。（NgispeN）

如果家具会说话

左：当充满野性的大自然元素闯入你的客厅，这是否也是乡村风对
都市人充满诱惑的呼喊？（Sofapop）

右：动物元素搭配略带神秘感的颜色，就像是对乏味的快节奏生活
的讯讯，提醒你：别忘了围城外还有更广阔的世界。（Sofapop）

Part

蜗居时代
（20 世纪至今）

拥挤却又排列得整整齐齐的 CD、DVD、书籍，
这是否代表了新蜗居时代的屋主们，即使被
困在小小一方空间，但在精神上却依然自由
地追求着自己所热爱的一切？

所谓蜗居，由"我"救赎

国外媒体认为中国年轻一代被毁在房子上。果真如此?

30岁之前，都应该是自由自在探索世界的时光，去你想去的地方旅行，遇见不同的人，体验不同的生活，哪怕风餐露宿，或落魄地租住在阁楼里，但你总得在尝试中选择、失败、进步、领悟；30岁之后，你收获了可贵的经历，开始真正明白自己想要的生活是什么，并开始一心一意执著地追求——在这样的人生模式面前，中国年轻人的生活方式显得很苍白。大部分人大学一毕业便要为买房奔波，在家人的帮助下，急着固定下居所，急着找一份体面的工作，急着用每个月的工资还贷……他们如此迫切地被一间间蜗居困住了。

或许，也不必如此悲观。在不同的传统和价值观面前，人生模式本就是不同的。三十多岁孑然一身漂泊而归的人，见到安安稳稳供着房子、事业上已小有成就并有妻儿围绕在身边的朋友，大多也是羡慕的。积极乐观的生活态度，能够放大你所在的空间，何况还有家具们来帮忙!

为了应对蜗居，家具界可谓发生了一系列大变化，它们从大尺寸变成了小身材；从讲究装饰转向注重功能；从昂贵的价位上走下来，换上更亲民的姿态。千百年来，家具从古代的奢侈品成为近代的装饰品，再到20世纪80年代的实用品，终于走到了"万能主义"的路口。蜗居的主人们现在所要烦恼的问题并不是"我要怎样买家具"，而是"怎样搭配出最别致的蜗居"。

总体来说，蜗居里的家具们，它们得兼有个性风格与多功能的实用性：藏得住杂物，守得住衣服，经得住欣赏，站得了角落，耐得了灰尘，扛得住饰品，挺得过搬动，受得了刮擦……

家具们都如此乐观、坚强，更何况你呢？换一个美好的角度，所谓蜗居，本就温馨，何况还有美妙的家具们正大步流星地赶来救赎！

抓狂的收纳

21 世纪,《蜗居》火了,收纳也火了。它们的关系就好比"一人得道,鸡犬升天"。小户型大热的时代,怎么样合理收纳成了最令人头疼的问题。家里的东西多到近乎变成了灾难,有时我们感觉到自己快要被书籍、CD、衣服等东西给淹没了——抓狂的收纳时代和疯狂的房市一样,就这样突然降临了。

令人赞赏的大众收纳,首先要做到的就是整齐。整齐,才能保证整洁,从而令人舒心。(IKEA)

北欧设计　解救蜗居

单身汉刘杰西 26 岁那年终于决定搬离父母家，独立门户。在庆祝乔迁之喜的新家派对上，他收到的最"大份"礼物是一个超级实用的电视柜。简约、亮丽，收纳量超大。刘杰西和他所有的年轻朋友一样，喜欢这种北欧家具。

大家都知道北欧，那是盛产童话的冰雪王国。听说那里的人是全世界幸福指数最高的，对设计有独特的天赋。但可能你们也听说，北欧人其实是带着幸福面具的可怜人，生活在常年天寒地冻的环境里，没事只能烤烤火、喝喝酒，在多少个极昼极夜里，看雪看得绝望了，一时想不开，北欧就这样一不小心成了世界上自杀率最高的地方。这样一个两极化的地方，却诞生了足以被标签化的设计作品，在很多国家都成为年轻人最喜爱的家居风格。北欧风格的家具，无不简约利落、色彩明快，一眼看上去就是和古典家具叫板的叛逆分子，怎么会不讨年轻人喜欢呢？

北欧风格的家具，原本也并没有和蜗居、小户型捆绑在一起，但人们面临住宅面积紧缩的局面时，猛然发现了可以自由灵活组合的北欧风格正合适！北欧风格的家具也不尽然都是些小个子，但进入亚洲市场之后，最受欢迎的却明显是那些小巧的家具。风靡一时的电视剧《蜗居》里，海藻终于攀上了可以让她享受荣华富贵的男人，谈到购买家具时，也不识货地看不上那些意大利的名贵家具，而一口一个地喊着"我只要 XX"。XX 这个牌子因为价廉物美和独特的设计与使用理念，成为北欧家具在全世界的一个著名标签。在许多人的心目中，因为《蜗居》的影响，北欧家具与蜗居就这样被彻底地联系在一起了。

小巧的外形，恰到好处的容量——这便是一件好的小户型家具所要具备的基本素质。（IKEA）

刘杰西的这个电视柜"住"在一个 30 平米的房子里,天天过着拥挤的生活,有时还被当做办公桌、储物柜兼餐桌。不管你信不信,蜗居时代的家具永远被发掘着仿佛用不完的潜力。有一天,来刘杰西家做客的朋友说,她买了一个中式小圆木桌放在卧室里,既做书桌也做梳妆台。也许,"混用"已经变得和混搭一样时髦了。

要做一个可以被"混用"的家具,也是有条件的。可以任意拆卸、组装、拼搭、加上或减去部分功能,看起来和北欧那个鬼地方一样冷冰冰的北欧设计,其实蕴含着温暖人心的体贴,用独特而令人印象深刻的细节设计征服人心,这还真要多谢那尽管寒冷却森林茂密、水域辽阔、干净到令人疯狂的自然环境。

许多北欧人会在傍晚时分开车到湖边,划划船、看看夕阳。北欧流传着一句老话:在这个世界上,你可以储存一切,却无法保存时间。所以,在每个礼拜工作 35 小时的北欧人眼中,时间"浪费"在所谓的事业上是不值得的。被悠闲的生活所滋养着的北欧设计师,对生活尤其有爱。只有对生活有爱的人,才能设计出最舒适的生活。

对小空间来说,一张华贵精美的古董桌,倒不如带有附加功能的小巧书桌来得实用。(IKEA)

立体空间的利用在小户型里被运用得越来越丰富，墙
面上凸起的收纳柜怎样不显得凌乱，还要增添美观?
这是设计师所要攻克的难题。（IKEA）

运用色彩为小空间画上个性化标签——这是很讨巧的作法，因为色彩并不会占据面积。（IKEA）

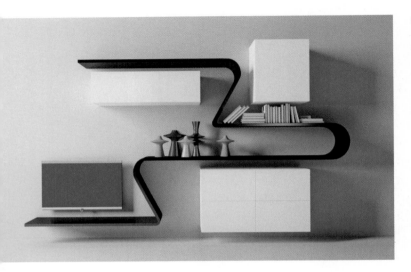

格子控们的墙面充分展示着流线与
几何搭配的美感。（CARTELLA）

/ 2

格子控时代来了！

回到那个让刘杰西大爱的电视柜，与其说它是一个电视柜，倒不如说那是一面墙，一面被分割得五花八门的收纳墙。尺寸大小各不相同的格子、抽屉可以用来存放不同的书籍、CD 和收纳篮，电视机和音响当然也被置放在其中，还贴心地加上了能够展示杂志、画册的斜面格。

疯狂收纳的屋子里，有一种人最乐在其中，那就是格子控们！把整个房间分成一格一格，不同的杂物被彻底地隔开，是一条收纳黄金法则。

首先是墙面上铺满了大小不同的格子，这个看似普通的举动却突破了家居布置的传统。自古以来，墙面在家居中的地位颇高，往往是用来悬挂珍贵的装饰品，譬如画作、手工挂毯、寓意吉祥的辟邪物品，类似老祖宗的画像和尊贵的匾额也让墙面的功能显得更加尊贵。在许多人眼里，墙面上钉格子、搁板是一种很不雅的装饰，被客人看到家里的杂物实在很尴尬。不过，这个概念在小户型纵横的时代，很快就被打破了。

除了电视柜之外，书柜，甚至厨房里的橱柜也慢慢爬满了整面墙。餐具越来越丰富，造型也越来越漂亮，把它们展示出来逐渐成为一种新的装饰法。有趣的是，买昂贵的餐具也慢慢成了一种时髦。小户型虽然面积有限，但很多人家里仍然会买些"光看不用"的餐具，点缀着开放式的橱柜。

除了一格一格的柜子之外，喜欢个性化的人更钟爱在墙上装上固定搁板。搁板本身并没有什么创意可言，但却给装修的人带来难得的乐趣。有一件令外国人不明白的事情，就是有的中国人花了两代人的钱买了一套蜗居，但装修费的预算却毫不吝啬。在人工比较贵的西方，许多人都习惯了自己刷墙搬家具，不习惯动手做这些的中国年轻人，有时也会羡慕那些装修广告里举家一起刷墙的温馨场面，但却鲜少自己亲自尝试。

不能刷墙，更不可能自己动手做家具了，剩下的就只有自己搭配了。聪明的北欧设计师推出了一系列的"积木式"家具配件，让你自己动手去搭配组合，享受 DIY 的乐趣。越是小的空间，想要满足越多的需求，就越需要个性化的布置。有的人喜欢进门就把包包、鞋子、外套乱丢一气；有的人把客厅当书房和餐厅使用，杂志、笔记本、零食全都乱七八糟地堆在茶几上；有的人在两三平米的小浴室里团团转……当你被横向面积困住了之后，就只能在纵向面积上找出路，这是格子控时代到来的必然结果。

左：别忘了贴近地面的区域或墙角，它们也是可以利用起来的空间。（IKEA）

右：一方狭小的面积经过有机的组合搭配，也成了休闲的好场所。（IKEA）

电视背景墙曾是中国人展示花里胡哨的装饰品的主战场，随着小户型的增多，这里已经成了最实用的储物区之一。（IKEA）

孩子的玩具和学习用品多得令你抓狂?
这些储物箱能够帮助你。(IKEA)

白色储物柜的妙处就在于"藏污纳
垢"于内，展现纯净于外。（IKEA）

左：大块状的储物格能够被随心所欲 DIY，布置在墙面，好用又方便。（IKEA）

右：就像教室最后一排的储物架，它几乎包容一切。（IKEA）

从墙面到客厅的中心，是简洁的方格
收纳柜、块状收纳盒，就连小沙发都
是格子的拼接。（IKEA）

有人认为卧室有乱糟糟的特权，因为乱会让大感觉温暖、亲切。

不过除了那床被子，其他地方还是保持整洁为好。（IKEA）

/ 3
多功能空间　家具不简单

蜗居时代的人们对空间无奈，对家具苛刻，绞尽脑汁的设计师，
创造的不再是家具，而是变形金刚。简单地说，柜子可以当书桌
使用。没可能？那是你缺乏想象力。能从家具上看到的只是简单
的变动，但就像第一个吃螃蟹的人一样，创意的产物并不惊人，
惊人的是思维本身。

家具的变形首先带来了空间的放大，不仅仅是面积变大，而且是
功能的增加。从奢侈品牌家具阿玛尼凯撒（AmarniCasa）到平民
宜家，都不约而同焕发出奇思妙想，让大家看到家具有着无限的
发展前途。很久以前，大牌家居品牌都在刻意地在回避着普通家
庭的收纳问题，家具的外形和表面都被奢华包裹起来，商业市场
试图引领人们的思维走向"家具也是艺术品"的时代。当一个人
每天都有闲心欣赏艺术品的时候，他恐怕也不必费神家里的东西
到底该如何收纳。但真正投入家庭生活的人就会明白，当你热爱
自己的家，就会愿意全身心地投入到家庭的琐碎中。

大牌家居品牌的态度开始慢慢发生转变，它们的设计师正努力在
保持家具外观的奢华或简约的同时，让内部变得越来越具有收纳
性。有一款颇受赞誉的"酒吧箱"（见 206—207 页图），外表看起
来是一个超大号的白色大皮箱，复古华丽，虽然放在客厅有些莫
名奇妙，可是但凡看见的人都会发出"好精美"的感叹。打开竖
直站立的皮箱上的搭扣，轻轻拉开皮箱——尽管皮箱非常沉重，
但拉起来却异常轻松，那是因为皮箱的下端有小轮子。当皮箱内
部整个展露出来之后，强大的储物功能令人赞叹，里面分门别类

边柜的翻折设计，让它们兼有收纳和书写的功能。

地摆放着红酒、酒杯、杂志、首饰盒，甚至还有一块精巧的木板，放下来之后可以当桌面使用。就是这样一个合起来都不到半平米的箱子，却能让一个人优雅地静坐在角落里看书休息，也能让两个人在这里喝酒聊天。

另一些追求时尚的设计师，则把心思大量地花在展现完美的家具表面上，于是越来越多面板亮丽的柜子出现在市场上。柜子的门板一时间成了设计师的画板，把它画成湖面荡漾的涟漪，印上新古典主义的雅致雕刻，做成乖张另类的当代艺术装置……各种奇怪的创意都在抢夺人们的视线，营造令人眼前一亮的效果。

与大牌的精益求精、小心翼翼、生怕在奢华的道路上走偏的心思不同，平民品牌就大胆多了，它们不必顾虑东西到底收拾得有多好看，而是把全部的注意力都放在怎么让每一个细节都变得更加实用上。

不必买新家具，而只需要多买一两个配件，和原来的家具搭配在一起，就能一下子扩充储物空间。在沙发边上放一个非常规的小柜子，塞进墙面与沙发中间的缝隙；在床下多装出一排抽屉，充分利用床底的空间。家具的变化从原来怎么漂亮怎么来，走向怎么大容量怎么变。

无论时代变得怎么疯狂，人们总会有应对的方式。无论空间变得如何狭小，设计师都在不断帮我们找出新的对策。即使在最压抑的时候，内心都能通过家具释放情绪。蜗居时代的迷茫期或许有些漫长，小空间所带来的压抑一度成为整个社会的大命题。但就像困在再黑暗的山洞里，总会有一丝半缕的阳光洒进来，家具就是小空间里的那一丝半缕的阳光。我们需要时常拉开窗帘，敞开自己的心扉。身处蜗居也能感受到幸福，生活还有什么可怕的呢？

可移动的小茶几，能把储物工作完成得如此出色。（IKEA）

一翻再翻，一开再开，当柜子拥有玄妙的设计，犹如打开了美妙的魔术盒。（罗奇堡家居）

沙发，这个客厅里的庞然大物怎么可能让

自己和储物任务撇清关系？！（IKEA）

超大旅行箱？不，人家可是用外表迷惑你的收纳柜。（达芬奇家居）

宅男宅女的失乐园

"宅人"起源于日本,也就是御宅族(OTAKU)的简称。一些过分迷恋于某种事物的人,例如动漫画、游戏等,我们把他们称为御宅族。他们对于自己所钟爱、沉迷的事物无所不知、无所不晓,但还是会天天找寻新的资料加以巩固,希望把这些事情都铭刻在自己脑中。他们不会去接触一些不感兴趣的事物,除了那些令他们沉迷的事物以外,其他的都知之甚少。封闭在自己世界中的宅人,每天都过着充实且满足的生活。听起来很令人羡慕,但也有人质疑,在他们的世界中,往往不知道什么是真实的快乐。不论如何,宅时代对家具设计的巨大影响是潜移默化的,来听听我们所采访的人群对宅男宅女的家有什么感言想要发表。

/ 1
无所顾忌之宅男
—— "是个性，随性，还是更高要求？"

这还能称得上是"家"嘛！进到房间里，除了门口有一块空地之外，其他地方都被堆满了杂七杂八的东西，想要进房间根本无从落脚，不知道男主人是怎么跨进去的，还是说他是完全踩着地上的"杂物"进去的呢？地上，仅在表面我们能看到的东西就有收音机、电扇、拼图盒、若干模型板、鼠标、游戏手柄等等。男主人耸耸肩，说还有更糟糕的时候。

几乎可以当单人床使用的沙发，哪个宅男不爱？（COR）

环顾四周，你实在无法想象男主人所谓的更糟糕的情况，其实我宁愿相信他们家的垃圾桶已经被外星人劫持到别的星球上了，然后经历小偷光顾，上门逼债，以及地震、泥石流、龙卷风等各种自然灾害，这里才会变成现在的"家"的样子吧！

沙发上倒是靠着几个有趣的动物抱枕，先进逼真的布艺打印技术让家居生活变得更有趣，是否正是因为如此，任何美丽的风景都可以被请进家里，所以人们打开门走出去的动力就越来越少？书桌上最显眼的要数电脑了，屏幕保护是规律调换的风景和人物，桌子前放的不是办公椅，而是一张舒适的沙发椅，由于需要长时间坐在电脑前"奋斗"，所以宅男们通常会选择一些坐起来非常舒服的椅子，它还同时身兼"餐椅"和"沙发床"的功能。

家里虽说有厨房，但使用的痕迹并不明显——并不是因为有多干净，要知道只有每天使用厨房的主妇才会把瓷砖、灶台擦拭得一尘不染。宅男中也有不少热爱自己下厨的，不过即使是不少"外卖哥"们，也会准备远远超过自己使用数量的餐具，看来是为了在家聚会时使用。

在这个杂乱的房间里，有一处地方是让我觉得最惊讶的，也许是对比非常强烈的关系。漫画书、CD 和动漫周边人偶全被男主人整齐地排放在书架上，虽然不知道它们是根据什么分类的，但是看到书架的那一秒就让我心生膜拜，男主人一定花费了许多心血来打理这些令人心潮澎湃的东西，我甚至看到书架旁边有一个小梯子，为的是整理高处的漫画书和动漫周边的产品。在这一刻，我突然对这个家的男主人肃然起敬——在这个世界上，有热爱而又能持之以恒的人，总是值得敬佩的。

在宅男的世界里有一样他们为之着迷的元素，那就是工业时代的烙印——金属、铆钉、错综复杂的电线、规划周正的道路图案，这些女人觉得太冷的简练，在他们眼里可是自我的标签。站在宅男的角度来看，工业化意味着酷——独居本身就是一件很酷的事情，和父母住在一起永远只是个 Loser（失败者）——把各种酷酷的元素带进家里，是一种非同寻常的享受。

因此，各种世界各地的标志性地标如埃菲尔铁塔、自由女神、帆船酒店、悉尼歌剧院、东方明珠……这些由工业化时代所带来的风景相比大自然，更令男人崇拜与着迷，因为那是属于人的力量。那些工业印记在各种家具和家居饰品上展现，都个性十足，往往是家居空间里的主角。

左：有趣味玩偶陪伴着的宅男宅女，不至于被独居的孤独感彻底打垮。（Black&Blum）

右：体积小巧、方便搬动的个性小家具，最能装点小空间，况且它的颜色还非常耐脏。（Established&Sons）

传统的家具在男人看来，都可以变得更简洁。实用性被进一步挖掘之后的家具，是宅男们喜爱的典范。我们可以看到墙面上有一些简单到无法再简化的木板，被称为书架；桌子也彻底回归原始，长方形的桌面加上四条毫无修饰的桌腿；床架也好像缺乏装饰技术似的，把一块木板搁在两行架子上就能睡了——如果这些家具的受捧让你觉得男人在一个人生活时，其实并不在乎精致不精致、优质不优质，那你就错了。细看那些家具的细节，实则比简化之前的款式细腻、精湛许多。其实也不必费神琢磨，看到价格标签上远远超过传统家具几倍的价格，你就该知道为设计和精良制作买单的时代到来了，而没有被老婆管住钱包的男人，买起单来自然更爽快。

左：在宅男的世界，这样的家具就是最酷的装饰品。（Florent Joliot）

右：张大嘴巴吞噬各种饰品的小人头，就是宅男在家里的好伙伴。（MAISON&OBJET 提供）

左：在家办公的御宅族，总得有个收拾之后像模像样的办公室，哪怕只是在阁楼。

右：御宅族的书桌必须承担起娱乐工作两不误的功能。（IKEA）

左：聚餐、聊天，总是闺蜜们的最爱。在家大吃大喝无需顾忌形象，还能畅所欲言地聊八卦，简直太令人兴奋了。（IKEA）

右：缀满爱心的懒人坐垫，能给每个渴望被拥抱的女孩一个大大的安慰。（MAISON&OBJET 提供）

/ 2
恬静生活之宅女
——"寻找内心的安全感"

相对于宅男而言，宅女的家就要整洁许多了。没有了所谓的满地凌乱，取而代之的则是整洁的地面和充满灿烂阳光的房间，家具都是一些温和的材质，很少用金属制品来装饰家居，所以整个家显得特别温馨，也非常舒适。

装饰家居一直是宅女们喜闻乐见的事，喜欢 DIY 的她们往往把家布置得非常安逸，当然总是会若有若无地点缀着一点卡哇伊的物品——也不能说这是幼稚的象征，就如一个基本的道理，女人年纪越大反而会越喜欢粉嫩的色彩，许多 18 岁的女孩儿穿着黑白灰的 T 恤加哈伦裤，旁边则站着穿玫红色裙子的母亲。

把一个家布置得百分百称心——许多女人都患有这种强迫症。人们在水中会感觉到安全，起源还是婴儿时在羊水里的深刻记忆。人的一生都在潜意识里追寻自我保护，经常宅在家里的女人尤其希望在家里能够得到这种安全感。因此，金属结构的家具相对来说不怎么讨女性的喜欢，当然她们会考虑到另一半的要求，而增添一两件线条比较刚硬的偏中性的家具，但在独居时基本不会考虑。

20 世纪 90 年代末，田园风情是最受女孩子欢迎的。她们喜欢乳白色的家具、古典的梳妆台、藤草编织的收纳篮、多层的精致首饰盒、格子图案的苏格兰风情桌布、清爽的绿萝……尽管现在，田园风已经流于庸俗，但不可否认它曾是许多女生对于家居装饰的启蒙。很多女孩子看到梦幻的田园风格布置时，会在心里迸发出"我也想要这样一个家"的冲动。

田园，是狭义化的大自然。田园风里的那些浪漫、清纯、飘逸的元素始终吸引着女人，田园风格的家具上，有着令人心动的小细节，这是一种和梦境相仿的浪漫，是家具给人的一种归宿感。

就算是再小的家，讲究小资情调的宅女也能在
小小的一块窗台上布置出浪漫氛围。（IKEA）

/ 3
宅在家　找点乐子

随着家具的设计感越来越被重视，一些颇有趣味性的家具和实用品家居装饰也变得越来越有趣。德国设计家具品牌 E15 有一款很有意思的坐墩：看起来就是一个四四方方的粗糙的大木桩，木桩子的四壁内画着涂鸦风格的图案——一只卡通而霸气的不明动物，看起来很像是鳄鱼，正大张着嘴，露着森森的牙齿，啃咬着木桩——还真的把这个木桩子啃出了一道缝！把时间往前推个几十年，这样一个木桩放在商店里，恐怕白送也没人要，但现在却是有想法的设计品。那是因为设计师明白，我们宅在家里，总要找点乐子，是吧？

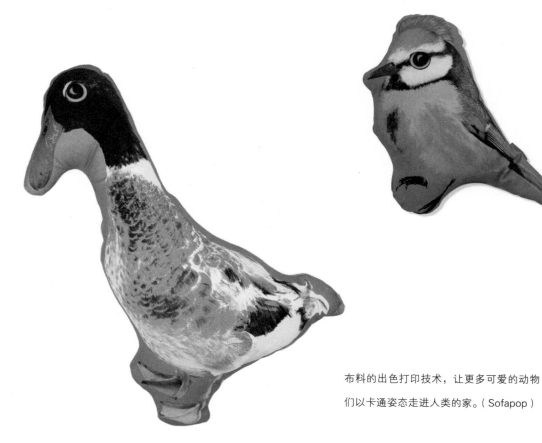

布料的出色打印技术，让更多可爱的动物
们以卡通姿态走进人类的家。（Sofapop）

如果家具会说话

夸张、有趣的家居装饰品弥补了家具
的单调，总能博人一笑。

身处小户型，就得来点非常规的
舒适体验和眼球刺激。

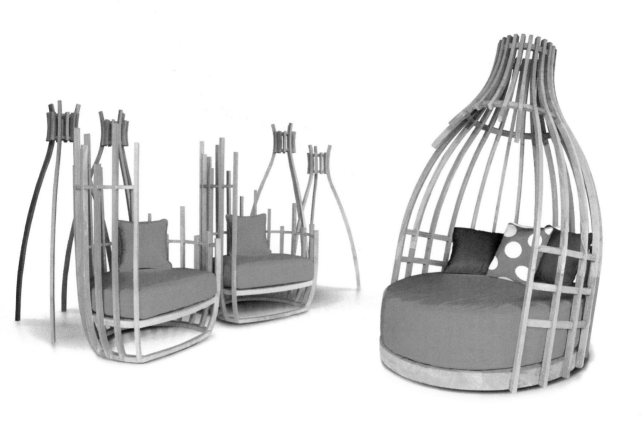

恶作剧的创意设计自然也不在话下，一个人在家待着感到孤独的时候，有个对着你玩恶作剧的家具，是不是像朋友一样也能带来欢乐？那是一只看起来不起眼的小凳子，当你不经意地坐下之后，却猛然发现凳面被你坐得裂开了，就在你心下一沉立刻跳起来检查小凳子的时候，却发现这道裂缝非常光滑，这才明白那是设计师给使用者开的玩笑。

墙面上的时钟也是生活里的乐子，有过一个经典的"精子钟"。钟面是一个没有刻度和数字的干净圆盘，只有两根指针。点睛之笔在于从右上方游进来的小蝌蚪，一下子让这只时钟跳出了简单的生活用品的范畴，而成为一件装饰品甚至是艺术品。越来越多形形色色的时钟开始搏出位，多个时钟不规则地排列在一起，在钟面上画上两道胡须，它就成了可爱的猫咪；在每两个数字之间涂上不同的颜色，钟面上就有了一道圆圈彩虹……

当代艺术的那种带有讽刺性的夸张幽默也传染到家里，带着防护罩的钢铁工人的头像出现在极富现代感的反光材质的家具表面；庸俗的收纳盒变成了一个个长着大嘴的小人，正嗷嗷待哺地等待着你喂食，虽然它们的小嘴里只能放下一团领带，一串钥匙，但收纳作用已经是其次，趣味性才是首要的。

好好利用墙面装饰吧，它们可是家具的最佳拍档。（MAISON&OBJET 提供）

当淳朴的木质也摆出恶作剧或不规则的姿态，生活彻底乐翻天。（E15）

如果家具会说话

它们在设计师的帮助下，彻底飞越了动物园。

如果家具会说话

喜爱窝在蜗居里的人，也别忘了常到户外坐坐。（La Cividina）

/ 4
失乐与得乐之间

许多电影都描述过人类在未来世界的生活，赚尽眼泪的《机器人五号》里所呈现的结局很具有代表性。当机器人瓦力（WALL-E）死死抱着飞船冲出大气层之后，惊讶地看到了一个新的"地球"。人类放弃了那个被糟蹋得再无用处的地球之后，在太空造了一个全新的世界。这个全新的世界，把"宅"演绎到了极致。人们不是宅在一个家里，而是一个座椅上。

心甘情愿被困在这座椅上的人，也被眼前一个小小的屏幕吸引着。这块巴掌大的屏幕上，不断变换着各种画面，附带着各种信息。吃喝拉撒只要动动手指按屏幕就会立刻有机器人过来帮你完成；时尚界宣布了最新的流行色和服装款式，在电脑屏幕上轻轻一按，就会立刻看到自己穿上了最新款招摇过市的样子；理发店研发出了新发型，也只需要通过电脑来享受虚拟的瞬间新造型；至于你想去什么地方逛街，看到什么样的风景，都可以通过屏幕在虚拟中实现。

回过头来看，现在的宅生活正是那种极端结局的雏形。此刻，我们还有许多有趣的家具，还能被温馨的家居用品包围着、簇拥着，也许有一天它们会被虚拟图像所取代。虚拟世界带给人类从未有过的快乐体验，但究竟我们是得到了乐趣，还是失去了真正的乐趣？

御宅族的确是自在逍遥，干什么事情都不着急，能不干的事就不干，能少干的事就少干。许多御宅族习惯性地抱怨"太累"，一有工夫就会去床上躺一会儿，睡上一觉。仔细分析起来，御宅族所谓的"懒"实际上是一种无忧无虑的生活方式。

没有了"危机"所带来的威胁，因为家是最安全的港湾，这样的生活是不是好似《天龙八部》里的"灵鹫宫"一样？在剧中，三十六洞洞主和七十二岛岛主都被天山童姥用生死符操控；在生活中，御宅族都被电脑用网络控制，为了逃避现实，他们心甘情

Æ

Monday:
Tuesday:
Wednesday:
Thursday:
Friday:

Kiehl's
SINCE 1851

S

New Balance

Rubber
Boots

Tretorn

MUUTO

愿沉迷在虚拟的世界中。宅男们时常因为沉醉于手头的事情而忘记了时间，对于他们来说，精神振奋的时候就是白天，累了的时候就是晚上，颠来倒去的，没有了真实的黑夜与白昼。由于作息时间的紊乱，所以在现实生活中迟到也是家常便饭的事情。他们可以说出自己喜爱的动画哪一秒是什么台词，却记不住朋友拜托他们的事情；他们可以第一时间拿到动漫新剧集的资讯，却相隔很久才知道发生了什么国家大事。宅女们可以因为某些小事纠结很久，在这个被网络交织的时代，人与人见个面、喝杯茶、谈个心似乎都成了一件奢侈的事情，可这些在以前是多么正常不过的事啊！是不是科技的发展让我们遗忘了一些曾经的温馨，忘了原来抬头仰望一片天空也是一幅那么美好的画卷。

就像《机器人五号》里的结尾，当瓦力不小心在飞船里引起了一连串的意外事件，坐在椅子上日复一日循规蹈矩地穿梭在既定轨道上的人们突然被打破了平衡，就像爱情故事的高潮，一个男人和一个女人眼前的屏幕突然掉了下来，当他们的视线离开屏幕面对一个真实的世界时，那眼神仿佛如初生的婴儿一般懵懂。然后，他们到了游泳池边，手指碰触到水的一瞬间，简直惊呆了。他们就像孩子一样，在泳池里泼水嬉戏，忘记了时间……

千百年来，家的变化如此之大，显然它们已经
迷人到令人足不出户也可心满意足的地步，但
我们仍然需要常常走出门去，当你再次回到家，
才能真正体会到家的美好与珍贵。（IKEA）

如果家具会说话

家，因人而千变万化；家具，也忠诚地守护着我们的家。即使有些人的世界已经退化到几十平米，但至少，此刻依然有多种多样的家具让我们心生温暖。它们虽然不言不语，没有文字或任何表达能力，但却把世界的潮流和时尚都默默地带进了我们的家，努力维系着人们和外部世界间的关系。

一个完美的家居空间，不仅能令你感受到舒适，更会潜移默化地和世界潮流紧紧联系在一起。(IKEA)

Part

反思与反设计
（21 世纪与未来）

你是否也曾渴望像《飞屋环球记》那样，把家搬去梦想中的野外？（DEDON）

更多纯粹、更多自然
——反设计的诉求

Anti-design，反设计。似乎每一种主流文化盛起之后的几年，都会有一场反主流的运动展开。走在创意设计尖端的意大利，在 1960 年轰轰烈烈地扬起了"反设计"的旗帜。就在人们开始享受现代设计带来的无与伦比的舒适和美丽时，提倡"反设计"的人却认为人们会逐渐迷失在所谓的"好品质"中，受到资本主义社会中消费主义的蛊惑，反而丢失了欣赏真正的好设计的品位。

设计到底好不好？当然是好的。好的东西为什么要去"反"呢？这里不妨借由芬兰设计大师弗兰克（Kaj Franck）的话来说明："反设计，并不是设计的反义词。它只是希望人们学会去欣赏更多没有经过刻意雕琢的作品，留意那些纯粹、自然的设计。"

可以说，反设计给那些沉醉于外形的设计师和消费者们敲响了警钟：只为了外形而设计是肤浅的，下一步，我们该探索的是物品的功能——这在家具设计上显得尤为典型。精致繁复的外表，也许能留住人们流连的目光，内敛而富有韵味的气质与体贴的功能细节才能真正获取使用者的芳心。

一些看上去简简单单的家具，逐渐以朴实的美感赢得了人们的喜爱。几乎在同一时期，"环保"这个名词也开始流行起来。这并不是偶然的，而是人类的设计历史发展至今形成的必然局面。

家具，讲完了古代社会的惊人传奇、中世纪的夸张怪诞、宫廷世界的华丽奢侈、近代社会的混搭探索、现代社会的空间生存等精彩故事，现在要开始放慢节奏，好像一节瑜伽课临近结束，需要调整呼吸、放松身心，来倾听最后一段自然气息扑面而来的音乐。

如果家具会说话

一百个哈姆雷特　一百种环保主义

在有的人嘴里，环保是吃素，多养一头牛会产生二氧化碳并多毁掉一片草地；

在有的人眼中，环保是绿色，是大地、树林、海洋的颜色；

在有的人手中，环保是纯粹，像棉一样温柔或是亚麻一般舒爽；

在有的人耳中，环保是清风，一切工业噪音都是人类的罪恶；

……

当环保登堂入室，进入家里，事情变得前所未有的复杂——只因人们的衡量标准变得极富想象并近乎苛刻。让我们走进不同人眼中的"环保家具"，你会发现这是个精彩纷呈的世界，绝不似素食般令人望而生畏。如果说一百个人眼中有一百个哈姆雷特，那么一百个哈姆雷特心里，又有一百种环保主义。

无限渴望亲近自然，人们自然而然地开始关爱大自然。（DEDON）

如果家具会说话

陈旧的家具，并不是简单的废弃物，它们身上留着某个人使用的痕迹，甚至还留着温度。随意的涂鸦可以让它们焕发新的生命力，也让回忆得以保留。（DANYE）

／1
一把"旧衣椅"引发的争论

2010 年的米兰家居展上，有一把引人注目的椅子。从造型上来看，走的典型的北欧简洁风，从椅背到椅腿，线条非常简单，但不同的是，它是由一堆旧衣服做成的。

全球每天有多少旧衣服被扔掉？如果有人能做出精确的统计，一定会是非常惊人的数字。生产服饰的过程一向遭到环保主义者的抗议，他们不断向富太太们建议为了环保事业"少买衣服"，因为每多生产一件做工复杂的衣服就会排放出大量的二氧化碳和废气。其实，这不仅是富太太的问题，因为平价和廉价的衣服越来越多，为了追赶时髦，普通女孩的衣柜也照样堆积如山，网购更让人不知不觉买回一大堆"不怎么会穿"的衣服。如何处理这些遭遗弃的衣服？服装设计师忙着做新衣，家具设计师却有了给力的作品。

"我们收集了一些旧衣服，有棉麻衬衫、牛仔裤、毛衣等，然后用胶水塑形，风干，定型后就是一把坚固的椅子。"设计师的初衷其实并没有想要戴上环保这顶大帽子，只是"见到衣物被浪费觉得很可惜"。这把椅子，在大牌设计师和奢侈品牌云集的米兰家居展上脱颖而出。应该说，这是一件值得给予掌声的作品，至少它给出了新的想法和创意。不只是衣服，你想要抛弃的许多东西都可以重获新生：童年玩具、几本旧书、用坏的工具、饼干罐……一把椅子不仅是家具，也展示了你的过往，是很别致的装饰。但争论由此而展开，胶水和工业加工是否属于二次污染？

这是家具产业在遭遇环保时的大尴尬。几年前，一直用"环保材料"作为宣传点而为人所知的家具品牌，这几年则纷纷开始遭遇诸如"世界各地的工厂是否符合环保标准"、"是否能够缩短流水线的长度，增加效率以达到节能目的"等更具体的挑战。

一件环保家具要讲述的，是一个完整的对大自然无害的故事。

/ 2
有些情调叫"粗糙"

伦敦摄影师詹姆斯·麦乐（James Merrell）拍摄了一组居室作品，试图通过影像来展示居室与人物的故事，即使没有人物出现在镜头里，你依然能够感受到美丽居室的不同性格。环保主义的居室，有一个鲜明的个性：粗糙。

过去装修新家，屋顶上各种管道的遮盖和包裹是毋庸置疑的程序，没有人会为这些和设计师多花时间探讨，而现在，怎样适宜地露出这些管道成了年轻人重点规划的部分。在他们看来，水泥地、水管、白墙并没有什么好刻意遮掩的，它们也有自己的美丽。

到了添置家具时，他们比以往任何时代的人都乐意接受旧家具——当然，作为 Vintage（古着）的发烧友，有的人之所以做此选择和环保并无关系，但不管如何，他们都有意无意地成了环保产业的支持者和贡献者。

这种想法往往会遭到长辈们的反感，认为新新人类在标新立异，并且活得"太粗糙"。就算是彻头彻尾的环保主义者——动不动就脱光衣服静坐或裸奔抗议者除外——也总喜欢有点情调的环保。讲究情调是个大问题，如果简单地把环保等同于粗糙，那么一定会有许多人从环保圈里悄悄溜走。某种程度上，粗糙正是情调的需求。就像旧家具的复古气息会若有若无地在家里营造浪漫；水管纵横在头顶，是一幅个性化的现代画——谁说工业就没有一丝一毫的情趣？

一件环保家具所要讲述的，是一个对情调有不同态度的故事。

为了配合某些不羁的环保家具，吊灯也决定裸露自己。（UN ESPRIT EN PLUS）

左：木纹是一种非常有趣的装饰元素，这是自然的线条与图案，有时与其遮盖不如夸张地表现出来。（Richard Lampert）

右：在精致的环境里呆久了，会对装饰主义产生一种麻木感，当粗糙的元素重新出现在视线中，反而会令人觉得亲切与放松。（CASAMIDY）

左：对 50 后来说，这绝不能叫作一件家具，但对 80 后来说，随性而不够精致正是他们想要的轻便态度。（Muuto）

右：逛商店的时候看到这样一只不羁的柜子，你有勇气把它带回家吗？ （Riva 1920）

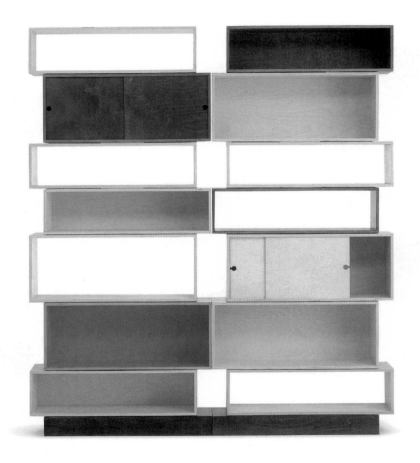

左：乍一看，凌乱的拼接和组合仿佛是一个粗心
的主人随意拼搭起来的，但静下心来观察这个
家具，却也能发现乱中有序的几何美感。（Villa
Home）

右：有人把简单看成不修边幅，也有人欣赏简单
的意味深长。（NgispeN）

如果家具会说话

如果家具会说话

珍惜 & 亲近　大自然的馈赠

某个深受年轻人喜爱的瑞典家具品牌，以新潮简约的设计和低廉的价格闻名世界。该品牌的设计师在执行环保理念和亲民价格时，有一条严格而出色的准则，那就是把环保和平价要求放在一切设计的首位，再好的设计如果造价昂贵或是对材料要求甚高，就一律放弃。

以利用木料为例，该品牌的设计师开创了一种新的方法：把一块原木全部打磨成木屑，然后再重新凝固起来，以便做出各种塑形，这样就不会浪费一丁点儿原木。这和古典家具中对木料精挑细选的苛刻态度截然相反，把环保放在首位的设计师，把所有的智慧和挑剔都用在不浪费"大自然的馈赠"上。除了碎木法之外，设计师对木料的应用还有其他五花八门的诀窍，曾经被认为是"边角料"的一些不值钱的木料，如今也被尽可能地利用起来，就算是一堆看起来实在没法用的木柴棍，别着急，像小鸟筑巢一样把它们横七竖八地固定起来，倒也别有自然的粗犷风情！

懂得珍惜大自然的馈赠，是因为心灵对自然有着最纯粹的赤子之爱。家具的广告大片拍得越来越动人，人们把沙发搬到了树林里，把休闲椅搬到了海边，把吊椅悬挂在瀑布旁……这是大自然对人类永恒的天然吸引力。

一件环保家具所要讲述的，是一个对任何天然材料都倍加珍惜的故事。

和瀑布紧密接触，在看似不可能的地方小睡一会儿，如此刺激的体验你心动吗？（DEDON）

左：家具就是如此忠诚，即使你们飞奔着离它
而去，它也会自动变身为看衣人。（DEDON）

右：想和野外有更多亲近的机会，能够刺激你
把想法付诸行动的，可能是一件浪漫十足的户
外家具。（VITEO）

如果家具会说话

这个画面是许多人的梦想：在旷野群山之中，拥有一间精致的木屋，一览无限风光，如同置身天堂。（Kolorado）

反思与反设计（21 世纪与未来）

左：人，如同任何生灵一样，当回归到纯粹的自然的怀抱，会变得比往常更易动情。（DEDON）

右：从户外来到海边，家具也一如既往的贴心，让你尽情享受度假风情。（DEDON）

反思与反设计（21世纪与未来）

厌倦了速食文化，厌倦了商业浮华，有一天，原生态成了最奢侈的生活方式。（E15）

住在大自然——生态影像的力量

科技发展,城市膨胀,有一天,人们忽然厌倦了机器时代的速食文化,开始流行起了复古、原生态,他们开始怀念最质朴的年代,于是家里出现了许多自然造型、纯木质等形式的家具以及装饰,更有甚者还把自己当做原始人类去体验生活。许多人为了缓解压力而拼命往这个叫"原生态"的洞里钻,于是诞生了许多生态影像的产物。

/ 1
向自由的救赎狂奔

我们仿佛离自然很远,但从未能真正离开它。我们所有的东西都与大自然有着紧密的联系,一切的一切最终都会被大自然所检验,大自然是我们独一无二的监督师,所以保护大自然是我们必须做到的。现在都在讲求慢节奏的生活,21 世纪提倡乐活,就是人在很浮躁的工作环境中想寻觅另外一种能让自己更轻松、更休闲的生活方式。在快节奏的当下,简单而有趣的生活成为越来越多人的渴望。

从饮食起居到日常工作,人们自古不断追求奢靡的生活习惯突然改变了,转而开始做减法,我们开始抵触那些繁琐而又重复的事情,更不想让它们在脑袋里占据一席之地。其实家具也是这样,没有了复杂的装潢,取而代之的则是自然界里最灵动、最轻盈的恬淡之美,这无不给住在其中的人们一种轻松自在的感觉。我们喜欢在花瓶里插上几枝艳丽的鲜花,喜欢买实木家具,喜欢听"原汁原味"的民间歌唱音乐形式——原生态民歌,喜欢买"绿色无公害"的水果蔬菜。

幸福如花绽放，妩媚、艳丽，带有性别标志的
长椅一如成熟女性的魅力。（SICIS）

左：这是一朵在微风中轻盈展开、摇摆的花朵，薄如蝉翼的灯罩令人心驰神往。(SOZEN)

右：在孩童眼里，这或许是一支巨大的诱人的棉花糖；在成年人眼中，这是天边的白云不小心飘进了家门。(SOZEN)

买些小盆栽植物放在家里是必须的，否则你根本就不算懂得生活。让年轻的太太们着迷的还有果蔬小盆栽，仿佛回到了 20 世纪 80 年代，像妈妈、奶奶们那样，做饭时随手在盆栽里摘下两把葱，成了时髦的复古生活。于是装修的潮流里，把阳台改成小花园、小农场也成了一种趋势。宅在家里的人除了电脑终于有了另一个选择，自种花花草草、瓜果蔬菜，这些比较好结果的盆栽不仅给他们的心灵带来了安慰和成就感，而且所结出来的果实还可以食用，再也不用担心农药残留之类的问题，轻松感也就油然而生了。

国外早就开始流行房车驾游，有的甚至已经周游了世界。开着一辆车，一家人四处探险，一夜酣睡之后，清晨被鸟鸣叫醒，打开车门就能看见青葱的大自然在向你招手，有人说那是一种极端的生活方式，但那其实不过是都市派渴望回归到游牧时代的心理缩影。如果说向往自然是一种外在表现形式，那么其本质是追求失去已久的精神自由。当我们只能被封闭在城市里的一个个水泥圈里，家具上的生态影像就是我们的救赎。

如果家具会说话

左：草原之王收敛了霸气，躲在艺术画中，流露出一丝茫然的神情，却
拉近了人们渴望草原的幻想与家居空间之间的距离。（APR）

右：一匹英俊的斑马突然"闯"了进来，脸上挂着吓你一跳的顽皮神情。
这位森林里的来客，你欢迎吗？（APR）

石块的出现，带着一种实验性。但设计师想要强调的或许是贴近大地的流行趋势。（IKEA）

纯木　浓缩大自然

除了原生态影像之外，人们的另一种怀旧情绪表现在热爱木质和一切木结构上。工业时代成功地让人们迷上了钢结构，之后轻盈的塑料和树脂也曾风靡一时，至今仍是环保主义者的眼中钉。如今，温润而长久的原木越来越成为许多人接近大自然的中介。

许多树木的寿命都在百年以上，有的甚至高达千年之久，说它见证了我们历史的发展并不为过，所以有许多人热衷于纯木质给他们带来的敦厚感，那一条条年轮犹如时间所刻下的痕迹，沧桑感也是许多人挑选纯木质家具的原因之一。

有一天清晨，两位设计师在自家门口发现一位妇女正在用切割工具加工树木，戴着耳机的她浑然不觉两个大男人正在路边默默地观望，嘈杂的短锯声和木屑的粉尘飘扬在空气中，树木清新的味道四处弥散。看着被随意地堆放在街道旁的那些巨大的树枝、树干，他们脑海中突然产生了这样的想法：如果能将这个地区的老树作为自己艺术加工的作品的原料，那岂不是一举两得？这两位具有独特想法的设计师便是拥有二十多年雕刻和设计经验的柏林木艺设计师——克里斯蒂安·弗里德里希（Christian Friedrich）和耶尔恩·诺伊鲍尔（Joern Neubauer）。弗里德里希早年曾在荷兰阿姆斯特丹居住，他亲眼看到许多桌子都是由运河边住宅区的板材加工而成，这些灵感不断地冲击着他的大脑。在他 1997 年回到柏林之后，与耶尔恩·诺伊鲍尔成为搭档共同创立了一个设计工作室 Sawadee Design，之后他们发现那些废弃的树木可以为自己的作品所用，桌子和餐具柜便是他们的首批作品。

抛弃常规的椅子造型，选用形似树墩的小凳子搭配餐桌，亦别有一番风趣。（E15）

反思与反设计（21 世纪与未来）

工作室固定地与柏林的环卫企业合作，当有适合的木材出现时环卫企业的工作人员就会打电话联系他们。这时，工作室里的电锯就会开足马力，工作人员会在原地把这些废弃的树木切割分解。这些废弃的树木并不是人们所想的简单材质，而是自然界与城市的结合，是历史与现在的相遇。Sawadee Design 工作室最近又推出一期叫"纯朴的纹理"的设计产品，这次的重点则是把材质用一种特殊的纹理来打造，并将它作为贯穿设计始终的不可变化的造型。现在这两位设计师越发繁忙，连订单都接到手软，更有与画廊和室内设计师的跨界合作。然而对于他们来说，可持续发展的产品和企业才是他们未来工作的最终目标，因为这极其迎合今后市场的需求。"低碳"、"环保"是一直以来所提倡的，我们都应该积极响应这一号召，让树儿们见证我们的努力。

钻石，留给人印象最深的一句话是：钻石恒久远，一颗永流传。其实这句话同样适合用来形容木材。有一种铁梨木，外号叫"铁木"，它的木质坚硬程度超过钢铁，就算是长期埋在地下或浸泡在水中也不会腐烂变形。铁梨木可以用于建筑、船舶、桥梁和机械制造。

稀缺木材所打造的家具现在已然难觅，所以几十年，甚至上百年前的老式纯木家具如今可是非常抢手的古董。行家会煞有介事地说一些类似于"五花肉"之类的专业术语来形容木质，关于木的故事，可以拍许多像《血钻》一样的电影。

左：原型取自桃树，简洁而精美的造型传递了浓浓的传统中式意境。(Moreless)

右：精妙的木片在美妙的光影下，犹如来自深海的巨大水母。(TAZANA)

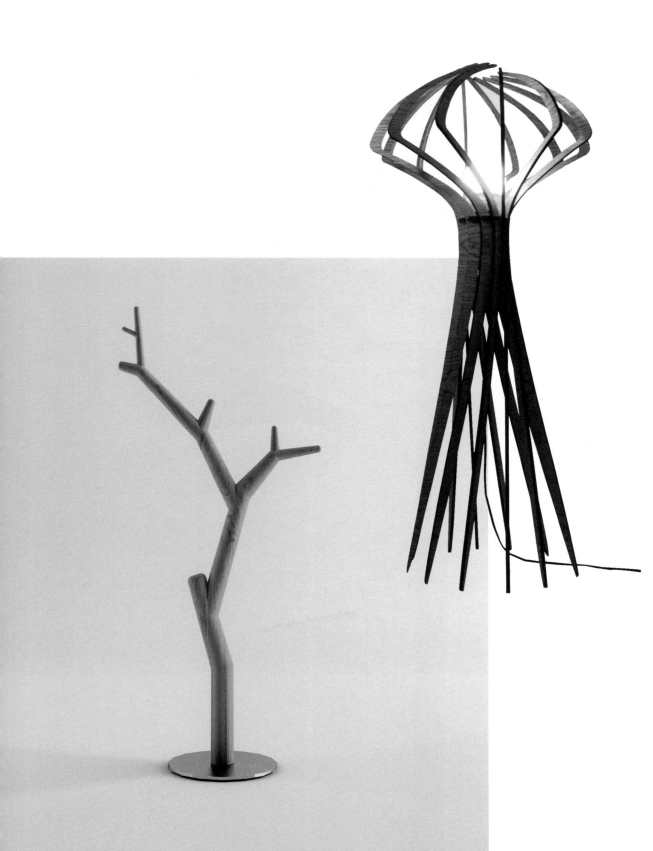

左：谁说木质不会表达个性化？它们和各种装饰品都能自由自在地组合在一起。（E15）

中：中西方对木质的表现形式各有不同，现代设计师把木的多面性融合在一起。（E15）

右：餐桌和餐椅在全球家庭的木质结构家具中所占比例较高，坚固耐用的木质让用餐变得更安心舒适。（E15）

如果家具会说话

左：木，虽然做不到触手生温，但也永远不会像金属那样把刺骨的冰冷感传递给你。（E15）

中：纯白的空间会产生空洞和寒冷的感觉，木质的融入增添了温情与踏实感。（Ateliers de Langres）

右：卧室里，木的陪伴犹如温和的朋友，始终提供最坚固的衬托。（E15）

反思与反设计（21 世纪与未来）

上：色泽淳朴的百搭型小柜子，可以摆放在家居空间的任何位置。（IKEA）

下：当木质流露出尖锐的可爱感，你会发现这个可塑性极强的材质展现出的另一面。（KARL）

左：个性不鲜明的木质大餐桌可以被赋予多种意义，胜任用餐、办公、会客、喝茶等功能。（E15）

反思与反设计（21 世纪与未来）

采蘑菇的小兔子们，带着一顶会发光的"帽子"，
把童话的纯真和美妙带入现代家庭。（Moooi）

/ 3
小动物与家具的结合

如今，动物元素融入家居设计已不再是新闻了，如用小鸟造型所做的壁灯、麋鹿的角为雏形做的衣架，等等。洛杉矶当代艺术博物馆的建筑与艺术评论家说，其实鹿角是把动物元素融入家具的起源，特制的动物标本和对动物局部的迷恋成了绅士们家中不可缺少的一部分。早在 3000 年前的古埃及，人们就对带有动植物造型的家具情有独钟，比如雕刻成牛腿的床柱、狮子造型的椅子，等等。四条腿的动物给了希腊人和罗马人无限的灵感，他们设计的桌椅往往都运用到动物元素，可以说已经做到装饰性和实用性并驾齐驱了。

左：傲慢的白鸽夫人，似乎是请了达·芬奇先生来作画，模拟着蒙娜丽莎的姿态，诡异又透着谐趣。（Le Boudoir）

右：直到亮相之前，谁都没有想到帅到迷人的黑马竟是如此合适的灯架！（Moooi）

对家具潮流设计比较关注的人一定对动物式家具比较了解，含动物元素的物品并不少见，但是，要学会选择一些能提升家居整体效果的物品就有些难度了，否则可能会把家弄得"鸡飞狗跳"，纯粹像个动物园。如果房间色彩以素淡为主，那就可选择一些鲜艳、跳脱的颜色，来增添一丝活泼、灵动的感觉；如整体色调已经丰富饱满，那就可挑选一两件颜色简单却创意出众的摆设来搭配。这样不仅使家居环境得到提升，自己的心情也会由于小动物们的存在而更加贴近大自然。

有个非常时髦的北欧家具品牌 Sofapop，用先进的布艺打印把动物造型带到千家万户，充满了北欧式的谐趣与生动。经过设计师的打造之后，我们不得不赞叹其产品不仅有精湛的工艺，更令人充满无尽的遐想。

著名的设计品牌 Moooi 有一款非常有代表性的作品：一匹黑色的骏马脑袋上顶着一只黑色的灯罩。当它悄无声息地出现在人们的客厅里，当你坐在它的身边，是否可以感受到万马奔腾、自己在广袤的草原上纵横驰骋的快感呢？不花一丝一毫时间，在家里就能体会到和自己的孩子驰骋在大自然广阔的土地上的感觉，这也是家具在不经意间给人们生活所带来的乐趣之一吧。另有一款小兔子台灯，一只只憨态可掬的黑色小兔子躲在灯罩下，令人想起那个著名的"我是一只蘑菇"的经典笑话。

这些别致的动物设计向人们展示了一种存在于互动和表现力之间的趣味性。这时，在日常生活里对这些家具的使用就变成了一个个有趣的故事，时而有小白兔与你一起看电视，时而在你上厕所时，会有一只长颈鹿探出头来偷窥，这些小故事往往会使我们的生活充满童真与欢乐。

沙发上的靠垫集体变身，犹如被魔棒轻轻一点，都成了活灵活现的生灵。（Sofapop）

左：垃圾袋也应时应景地换装上阵，愉快地融入满是动物的家庭乐园。（SUCK UK）

右上：带有眩光感的透明彩色骏马饰品，像皮影戏一样，装点着各类现代家具。（BoConcept）

右下：模拟犬类的身躯，"四肢"和"尾巴"让这张小桌子显得憨态可掬，仿佛正俯身准备冲往前方。（COVO）

如果家具会说话

/ 4
另类家具的独特之美

人们似乎越来越喜新厌旧了，由于视野变得开阔，看到的设计产品也随之增多，所以人们开始有理由"挑三拣四"，选择自己喜欢的设计产品了。更是有一部分人走另类路线，口味独特的他们犹如被家具赋予了新的生命一般。这种游走在自己世界的小另类也已经是一种被大家认同的生活方式了。言归正传，接下来为大家介绍一个另类的家，当然不是家庭成员有多另类，而是家居装潢、家具摆设具有独特之美。

42 岁的设计师和艺术总监亚历山大·德贝塔克（Alexandre de Betak）在西班牙东部马略卡岛的海边小镇上建造了一座非常具有另类特色的石穴住宅，室内采用很多原始的装饰品，独一无二地诠释了大自然与原生态，并有着强烈的艺术感。一进家门最先感受到自然气息的是脚，相信很多人看到这里一定在心中打上了大大的问号——其实那是因为一进入室内，便踏上了一整片由密密麻麻的鹅卵石铺就的地面，我想这也是为什么这里以"石穴"命名的原因吧。

动物的部分躯体以跳跃的颜色出现在家居环境中，非常博人眼球。（Ibride）

如果家具会说话

反思与反设计（21 世纪与未来）

当然，继续走进去，看到的桌子椅子自然都是木头打造的，有的甚至还是原封不动直接搬回来的树桩子。白色的墙壁结合纯木的搭配，干净而又明亮，向窗外望去，可以窥看蓝色的地中海风光。玄关由怪异的白色石灰墙构成，之所以说它怪异，是因为墙面毫无规则地延伸着，但却又赋予了玄关另类的美，这也是德贝塔克极为自豪的设计之一。再看细节方面，德贝塔克也毫不含糊，大到天花板的木结构设计，小到灯罩及iPhone 存放点，皆用石头作为原料，大胆地彰显了他独特性的个人风格和色彩。他说："有时候，我把两个孩子从巴黎的学校中带出来，跳上最快起航的一班到马略卡岛的飞机，哪怕仅仅是度个周末，生活也有很大改变。"看到此言我不禁心下暗想："是不是住几天后就会变成山顶洞人了呢？"这个独具另类风格的家诠释了一种海风拂面、沙石交错的独样特色，给了我们一些灵感——即使是大自然中最普遍的小石头，只要我们有想法，就能改变成服务于我们的东西。

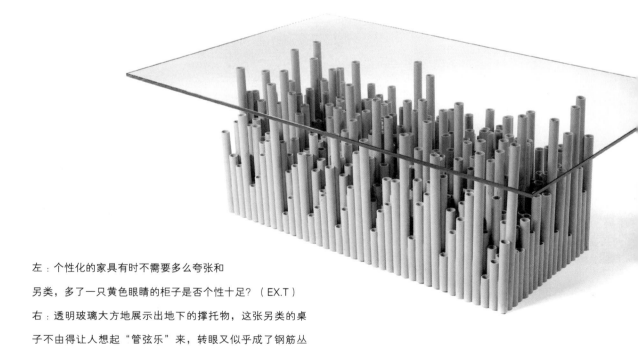

左：个性化的家具有时不需要多么夸张和

另类，多了一只黄色眼睛的柜子是否个性十足？（EX.T）

右：透明玻璃大方地展示出地下的撑托物，这张另类的桌

子不由得让人想起"管弦乐"来，转眼又似乎成了钢筋丛

林的缩影。（BRC Designs）

反思与反设计（21 世纪与未来）

把原始的裸露与粗糙感和古典的精致摆放在一起，鲜明的
对比和乖张的融合令人印象深刻。（The Soft World）

原生态本身已不再是人们所追求的唯一目标，由原生态所衍生出来的千千万万触须已被人们接受，喜欢不同风格的人们可以由着自己主观的臆想去捕获这些原生态衍生出来的思想。可我们最终还是必须面对现实生活，不可能因为要追求"山顶洞人"的生活而放弃现在，我们不可能再回到原始时代，因为有太多的文化积淀赋予了我们挑战现实的能力，"原始"已离我们远去。可这并不会阻挠我们对原生态的热衷与向往之情，每个人在家中就能获得救赎，你觉得呢？

原生态并不拘泥于任何材质和形式，原生态不是蒙昧的原始，也不是矫情的浮华，而是舒服的生活状态。（E15）

如果家具会说话

买家具，坐飞船，和嫦娥姐姐同居！

2011 年的春天，在上海著名的创意园区田子坊附近的某间仓库式展厅里，悄悄开了一家"月球生活概念店"（Moon Life Concept Store），店主艾丽西娅（Alicia）是一位热情洋溢的西班牙设计师，她并没有穿着如你期待中那样的宇航服，也没有把自己套在如外星生物的奇装异服里，而是中规中矩地穿着白衬衫和西装裙——这样看起来似乎更令人信服。当她高兴地对我说："知道吗，荷兰和美国已经开始计划在太空中造一个豪华酒店，这是为了给去月球旅游的人们提供一个歇脚的地方！"我几乎立即就相信了这个美梦。为什么不呢？他们甚至已经为我们设计并制造出了月球上的家具！

反思与反设计（21 世纪与未来）

如果家具会说话

移居月球　你觉得如何？

地球已经非常危险了——用这个公认的名义来举办各种展览已经并不新鲜了。设计师们大都极尽想象之能事，向人们展示出一个多少带点恐怖色彩的未来。没有想象力，设计和艺术就死了，所以我们被迫吸收了太多关于未来的恐怖的想象、日复一日的迷茫或是麻木。而这一次，艾丽西娅和她的团队就此给出了答案。他们讨论的主题是月球上的家。

换句话说，如果地球毁灭了，我们就搬到月球上去！谁都知道，生活在月球上的最大问题是：缺乏空气，人类就会窒息。设计师首先假设这个问题已经被伟大的科学家解决了，所以人类得以在太空展开一场浩浩荡荡的大迁徙。

到了月球之后呢？我们可不能像原始人那样从石器时代开始，在地球上积攒的上千年文明不允许我们那么做，我们得有家。很快你就会发现，一切没准和在地球上的情况差不多，有人挤在七十二家租客那样的小危楼里，也有人住着豪华别墅。但不管怎样，你总需要那么一两件家具。好了，终于回归正题，搬迁之前，你就必须来到艾丽西娅的月球生活用品店，来选购家具和其他生活用品。

仿佛回到石器时代那样，住进月球的洞穴——即使被迫如此，我们也会在洞穴里布置出最温馨的新家。

（月球生活概念展）

摆脱了重力的束缚，月球上的家是一个让人类自由飘逸后休憩的场所。（月球生活概念展）

月球上的家非常简洁，所谓月球家具，更多的是一种对模块和几何物的创意运用。（月球生活概念展）

反思与反设计（21 世纪与未来）

/ 2
传说中的天堂

在"选购"家具之前，有一件和家有关的小东西吸引了人们的注意。乍一看，它是一根带有银质球形挂坠的项链，链子是普通的黑色编绳，再仔细地研究一番，会发现这个银质小球是空心的，并且表面有一些奇奇怪怪的花纹。

这是一个月球的迷你模型，表面上的花纹正是仿造和美化了月球表面的凹痕，这些当然并不足以吸引你，它有一个你一定想不到的噱头：这个挂坠意味着某位亲人的离去。

"在地球上的土地不够安家之前，首先要解决的是墓地问题。"设计师提出了一个大胆的、有些无厘头的方案：我们可以把亲人的骨灰或者尸体运到月球上去，在那里给他们安一个家。别紧张，这并不意味着我们失去了过清明节的意义，我们依然可以用某种形式来默默地思念与缅怀已逝的亲人——带上那个月球挂坠，就像把亲人时时刻刻挂在心上。

有人觉得这个设计概念很不靠谱，听起来就像是那种很牵强的营销，但它出现在月球生活概念展上就具有了深层次的意义。如果不计成本的话，对把亲人的遗体送上月球这么浪漫和美好的举动，恐怕没有人会说不。月球，将变成传说中的天堂。而在地球这个可怜的、寸土寸金的、已经快要被挤爆了的星球上，活着的人纠结一番后，最终也总会拍手称赞吧。

至于那个银质项链，不知道设计师有无申请专利，否则实在太容易山寨了。也许，最爱多功能的山寨商们，还能在山寨的基础上加上 3D 投射影像、内存哀乐等功能。清明节不再需要舟车劳顿地在高速公路上排长龙，想到亲人虽不在身边，但住在浪漫的月球也是种心理安慰。说不定，还真有嫦娥姐姐相伴呢。

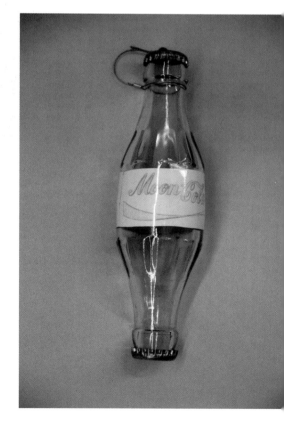

左：谁也不知道，到了月球我们是否还需要时间，或者时间还是否需要我们？（月球生活概念展）

右：两端开口的可乐瓶，设计师特意设计以供带上月球，失去了所有常规的家具之后，人类需要带有回忆的饰品。（月球生活概念展）

模拟月球的项链挂坠，若有亲人被安葬在月球，就可以
把它挂在心口以资纪念。（月球生活概念展）

3

家具 是用来怀念地球的

月球之家是非常奇特的，这种奇特倒不是说
超乎想象，而是一种说不出的别扭。这个"家"
是一个接一个连在一起的圆锥体，看起来像
是一种不断膨胀的组织结构。从材料上看，
它们就是一个个明黄色的帐篷，虽不是弱不
禁风，但也牢固不到哪儿去。看出参观者的
担忧，设计师表示如果有一天真的要移居月
球，科学家一定会选择最合适的材料。

假如你的身高超过 170 厘米，对不起，进家
门之前还得弓着背，因为屋顶实在是太低了。
进家门之后，一个榻榻米跃入眼帘。其实，
从日本家居设计中获得灵感很正常，月球的
面积只有地球的 1/14，并且也不是哪里都能
居住的，所以到了月球依然得奉行寸土寸金
的原则，这就必须向日本人民好好学习了。

榻榻米上立了一块温馨的牌子，经过设计师
解释后人们才明白，原来这个榻榻米区域是
让我们"围着篝火一起怀念地球"。中间有
一个矮小的桌子，四周放着几只柔软的坐垫，
大家坐下来之后一时有些不知所措。眼见四
下几乎空无一物，最后大家都把视线集中在
了桌子中央那个奇怪的小东西上。

它在桌面中央兀自凸起，就像是一个迷你灯泡，小小的椭圆形的玻璃罩里竖着许多电线，会不断地持续发亮，还伴随着"噼噼啪啪"的电磁声，不论看起来或听起来都像是一团火。我们就围着这团高仿真的小火团一言不发，顿时陷入了一种难言的静谧中。

没有空气，意味着那些必须依赖空气生存的东西统统都消失殆尽了，比如火。细想一下，普通人在现代生活中似乎也不太能见到火了，就连烹饪也可以使用电磁炉。我们已经习惯了看到火时的第一反应是恐惧，可是若有一天再也看不到火了，我们是否也会怀念那曾经最原始的温暖，那不带辐射的、纯净的、无私的温暖。

只坐了些许会儿，安静地看着那一小团挣扎着的小火光，突然便觉得一股难言的伤感慢慢弥漫开来，似乎那火光正渐渐散发出缕缕白烟，无声无息地与寂寞气息共氤氲。"在月球的日子可能很寂寞。"设计师打破了沉寂，试图描述月球的生活，"等我们到了月球，也一定会有这里的娱乐方式。比如，像这样和亲戚朋友围成一圈，欢聚着，回忆往昔的美好。"

除了这样围在一起，还有一种更私密的怀念方式。在月球上的家里，有一间特殊的房间，里面还有一件特殊的"家具"。一根根电线从屋顶垂下来，下端有一块小小的矩形金属片，讲解员示意我们把金属片咬在嘴里，牢牢夹在上下两排牙齿间，然后再把耳朵捂上——这里备有性能颇佳的隔音耳罩。令人惊奇的是，耳朵被捂上之后，能清晰地听到"噼里啪啦"的电流声，很像是在调收音机频道时发出的杂音，突然之间让人觉得亲切至极。

声音，是继火之后第二件随空气一起消失的东西。我们常说："某时某刻真是安静得可怕。"可到了月球上才是真正永恒的寂静，因此设计师贴心地想到了用人体的骨传导来让自己听到电流声。那类似收音机电波杂音的声音从来没有如此迷人过，大家站在这间幽暗的房间里，静静聆听着，仿佛下一秒，声音就消失了。

这样的生活听起来还真有些苦闷和凄凉，不过在引力只有地球 1/6 的月球，不少人自然能够找到乐趣，譬如对"胖纸们"来说，他们简直要乐疯了。引力变小意味着质量变轻，也就是说原来 180 斤的人到了月球上就变成了 30 斤，而他们走起路来更是快活，就像宇航员说的："可以一蹦一跳地走路！"

有时，改变就是从一件日常小事开始的。当走路的方式都变得孩提时那样快乐，也许月球生活也会逐渐展露出可爱、新鲜的一面。家具也会从最简单的榻榻米变得逐渐丰富起来。

临走时，我认真地问"店长"人类能够去月球旅游的确切时间，她也认真地思考了一番，并参考了一些专业人士提供的数据，然后非常认真地边点头边答："2065 年左右。"好吧，假如你翻开这一页的时间正是 2065 年，而你刚好也向旅行社定了去月球旅游休假的套餐，别忘了给这本书一个吻。对了，友情提醒一下，上月球的费用和行李的重量、体积直接挂钩，每多出 10 立方厘米可能都是很大的代价，因此整理行李时要学会忍痛舍弃些什么。不过，热衷于移居月球的设计师也已经开始着手解决这个问题，他们已经发明了一种可以拆卸的高跟鞋，样子非常摩登，可以随意拆开和拼装，既轻盈又不占地方。

带一只心爱的高跟鞋去月球，放在家里做装饰。尽管不能穿，也能让我们回忆起在地球上穿着它翩翩起舞的时光。（308-313 页图，月球生活概念展）

如果家具会说话

未来家的畅想
还有什么不可以？

抛开迁移到月球或是外太空其他星球的设想，假若过了 50 年之后，我们仍然能够太太平平地生活在地球上，你想象中的家会是什么样子？许许多多家具爱好者给出了很好的设想，当然也有现在听起来乱七八糟、不知所云的 Idea（主意）。不过你要是跟 100 年前的人说以后会有一种帮你做事的机器叫"爱疯"，大概他们也会觉得你真的是疯了吧。

和人类如此亲密的家具，不论未来变成什么样子，都是家中最体贴的亲人。（DEESAWAT）

/ 1
游牧情结

鉴于地球村的交通将越来越发达，游牧情结正日益成为世界各大家居设计展的关注点，一些基础的游牧系列家具已经展露雏形，例如外形酷似帐篷的床架。很多年以前，就有人支持这种说法：所有的潮流都在往回走，人类终有一天会回到草叶遮体的伊甸园，做回一个个亚当夏娃。细细想来，也许日后的我们，也会像曾经四处寻找肥沃土地的原始人一样，不断在地球家园行走、停留、再出发，家不再是固定的住所，而是流浪情结中的精神驿站。

左：小帐篷不仅可以在露营时使用，放在家中也有它的用处。家里的角落会因为它增添不少情趣。（Now's Home）

右：不能常在野外驰骋，那就把乖顺的小绵羊搬回家，在家过一把瘾吧。（Innermost）

如果家具会说话

左：目前市场上的按摩家具基本上只有单调的按摩椅，但优质的多功能家具带给身体的舒适体验，已经令人惊喜不断。（Natuzzi）

右：能根据人体每个部位和结构的线条来改变角度和高低——聪明的沙发让每个人都爱不释手。（Natuzzi）

/ 2
按摩家具

100 年后，御宅族还存在吗？从网络迅猛发展的速度来看，也许真的有一天，人类会悲剧性地四肢萎缩，身材臃肿，全身上下只有一根需要发挥点击功能的食指还算灵活。那时候的家，就像一个多功能的仆人。曾经听到某个设计师说，他很希望设计出一款带有按摩功能的家具。听起来令人诧异，细想之下还有点惊悚，难道家具会突然变形成机器按摩师？其实他的理想是让家具表面带有按摩头，会震动、敲击、发热。如果他真的能成功，那该是家具史上了不起的突破吧。

左：是少女时代戴在头顶的那个花环，是初恋时收到的一束小花，让绿枝缠绕的美凝固在头顶，散发出幽幽的光。（TAZANA）

右：每一个森女，都是掉进梦游仙境的爱丽丝，常态不符合梦境，迷离的自然气氛才最令森女着迷。（DEESAWAT）

/ 3

我是森女系

时尚界流行起了"森女系"，简称"森女"。指的是20岁到30岁的纯真女孩，懂得享受简单而有品质的生活，不盲目崇拜名牌，喜爱天真、自然的风格。站在家居风格的角度来说，一定还有"森男系"，他们想要生活在一个美丽的森林里，钟爱蓝绿及大地色系的家具，用以波西米亚为代表的民族风图案装饰家居，藤条编织、原木质地的家具是这种"森林系"生活的主角。简单、清新、无压力的生活也许是忙碌都市里的乌托邦。

4

住进仓库

艺术家的随性范儿带起了这股潮流，在改革开放浪潮中被时代抛弃的厂房、工业区因为艺术家们的入住而被捣腾得重新焕发出生机。一些囊中羞涩的人渐渐觉得这种行为很酷，于是便出现了很多把仓库当工作室兼家的人。住在宽阔异常的仓库里，是很难被传统人士所接受的，因为他们会考虑许许多多实际的问题，比如保暖、隔音等功能。许多家具却因为这种需求应运而生。尽管仓库族仍是社会中比较边缘、另类的人群，但在那些恐惧于战争、灾难爆发的人看来，住在仓库没准会是未来特定时期的流行。

仓库的大空间已经和艺术气息紧紧联系在一起，不管是因为时尚还是灾难，住进仓库在某些人脑海里是萦绕不去的幻想。（Muuto）

左：这款吊灯去繁就简，去掉一切与发光无关的材料；又通过反复组合发光元件，创造出光彩华丽的效果，是极简与繁复两种风格的和谐融合。（Droog）

右：粗糙的手工感，随性发挥的创意，给了更多平凡人利用各种材料 DIY 的灵感和鼓舞。（EXNOVO）

/ 5
环保最大

不论地球未来发展到什么程度，环保与慈善的声音将永远最大。资源的稀缺和生物种类的灭绝这两大问题，现在已经显得很棘手，更何况几十年后。目前家具产业的环保主义大部分仅仅停留在发现新的环保材质或工艺上，但更大程度地在制作过程中"减少碳排放"，只有很少的企业去自觉履行。环保的旗帜会继续飘扬，就像那些赤裸全身的男人女人在冬日的街头"抗议虐杀动物、抵制皮草"一样，那些在树上搭建屋子、在山洞里打造家的设计师也正是以行为主义的方式呼唤人们的关注。

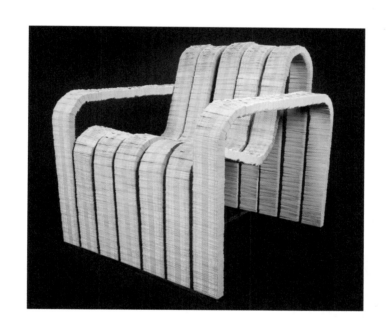

　　左：当环保成为一种时髦，即使许多人并不真正了解环保的要素和要求，但他们亲近自然的心却纯真得令人动容。(Fjordfiesta)

　　右：也许有一天，你会发现，家具是用任何材质都能做的，人类缺少的只是运用它们的思维和想法。(BRC Designs)

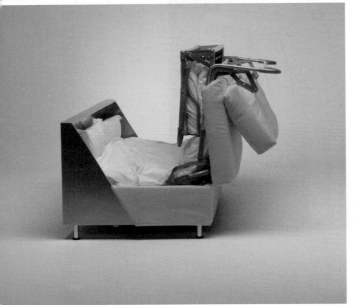

/ 6

百变为王

小户型在人口逐渐爆炸的都市将会越来越流行，一物多用的家具设计理念正越来越受欢迎，譬如一些折上折下的可翻式家具，一分钟就能从床转变成桌子；多格收纳柜没准也能像魔方一样任你自由拼接，变成各种简易的常用家具；马桶、浴缸不再是没法将就的硬件，而能变成藏在墙壁里的隐形配件……总之，像变形金刚一样的家具，会一直不断地为解决小户型的麻烦而诞生。这一定会是某些设计师的终身使命。

从一张小巧的双人沙发到一张舒适的床，改变就是如此简单。（Biesse）

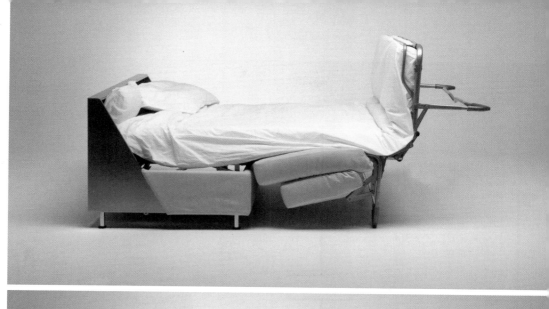

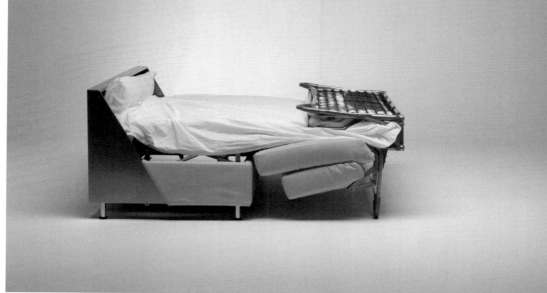

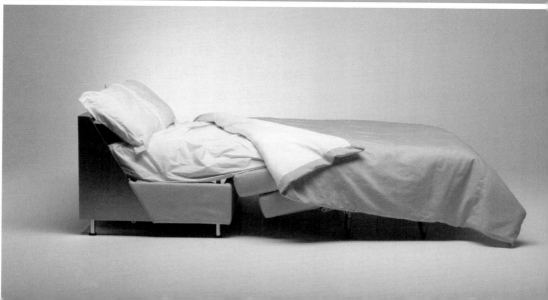

/ 7
科学实验田

实用的好设计总是"创意＋科技"的结果，未来家的智能化必然会成为流行趋势。现在，已经有不少家庭选择使用智能化的电器，譬如有的电冰箱表面有液晶屏幕，会自动显示冰箱内的食物；有的会根据食物的种类，自动显示食谱，"告诉"你可以做哪些菜；如果你经常忘了买鸡蛋、牛奶、零食，通过提前设定，当这些食物快要吃完时，冰箱会提醒你；在未来智能化的小区，你的冰箱还会自动打电话给小区内的便利店，让他们送货上门……除此之外，冰箱上的屏幕还可以打电话和视频，一边在厨房做饭，一边和亲人朋友视频聊天，实在是其乐融融。电器的科技化比家具发达得多，但家具的智能化发展也是必然的。一个聪明主动的家，你期待吗？

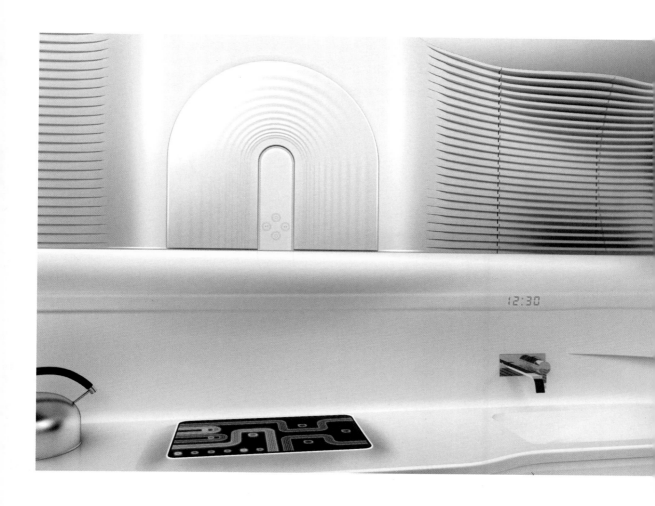

左：在这个整体厨房中，众多细节都隐藏在无缝拼接的表面下，让操作者可以任意创造自己的厨房空间。从上柜、背景面、操作台到下柜都像是一气呵成。（LG Hausys）

右：各种新颖的材料、磁力背贴、内置 LED……科技的力量已经让厨房强大得超乎你的想象。（LG Hausys）

左：虽然简洁，但却能弱化空间感，让人专注享受它们的美感和舒适。（ZEITRAUM）

右：在家里和家外的心境总有不同，在外面欲望不断叠加，而回到家却总会反思：

我们要的是否太多了？（Ferm Living）

如果家具会说话

/ 8

Less is more！

"把简单变复杂，所有人都会；但把复杂简单化，却只有少数人可以。"——这是设计界最有名的金玉良言之一。如果科技能够巧妙地解决各种收纳问题，那么庞大的体积就不再是家具的必要条件了。提倡简单，反对装饰——这个理念诞生了80多年，却一直都难以实现大众化，就像国画中的留白，能够欣赏的人只是小众，但空白在美学里的意义却越来越丰富。懂得享受简单的人内心必然是丰富的，再过50年，越来越厌倦商业社会的人们会希望自己在家里享受最简单的空间吗?

/ 9
一分钟打包！

"家是一个能够快速打包的包裹"，当空中飞人们这么自嘲着自己的生活时，这个形容也变成了对设计师的要求。很多人有行李强迫症，在整理行李时，因为什么都想带，恨不得把自己的床都搬走，导致行为拖拖拉拉，心情暴差。发明家能否为这群可怜人发明出一款材质可以软硬变化的家具，当他们要出门时，只需要"一键软化"，就能把家具轻松打包，到哪里都能住在亲切的家里？！

把家装在打包盒里带走——当这个幻想被实现，游牧一族的队伍一定会壮大。（BEACHWORK）

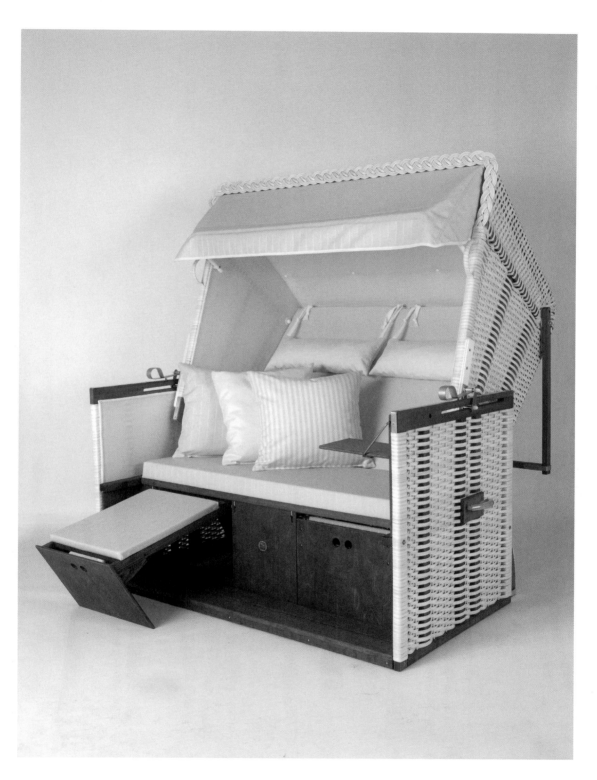

左：后现代的艺术感融合复古的优雅元素及精
美细节，让人们对古典与现代的混搭设计越来
越痴迷。（Lando）

右：仿佛长久地浸染在时光中，最终悠悠地散发
出优雅沉静的味道。（DU BOUT DU MONDE）

/ 10

复古依旧

经典即永恒。带有中式情结的洛可可始终活跃在家具设计的舞台，各
种历史上的经典家具风格也会一而再、再而三地被重新演绎。从新古
典主义到新中式，颠覆与创新一样，是设计永恒的主题。不论是古埃
及家具的质朴智慧，中世纪哥特式家具的怪诞，文艺复兴后巴洛克的
恢弘、洛可可的优雅，还是中国明式家具的简约风雅，老上海家具雍
容的混搭感……这些标志性的符号是一再被赏玩的经典形式和元素。
人们对家具复古的热情，会比一件衣服、一顶帽子来得更持久。

后记　听不过瘾的私人生活史

听家具说故事，是不是一件挺有趣的事？也许有的故事本身并不十分新鲜，但家具这个与众不同的讲述者，却赋予每个故事全新的视角。

它们滔滔不绝地从几千年前的古埃及八卦，说到未来百年后月球上的私密生活。当我们不仅仅把家具作为一个没有生命的产品看待，还觉得它们被某种魔力赋予了灵魂时，便会高兴地对这位日夜陪伴的朋友刮目相看，当然也会担心它们时时刻刻"偷窥"着我们的生活——别以为家具不会泄密，它们可以透露古埃及夫妇同房不同床的秘密，可以泄露凡尔赛宫内贵妇与诗人在沙龙派对上的情事，自然也可以告诉你的子孙后代你有什么高雅爱好或生活陋习。

可以说，家具讲述了一部人们的私人生活史。在家这个最特殊的场所，因为有一扇私密的大门掩盖着，最后被揭露时往往总令人大吃一惊。当一个人脱去华服，穿上最宽松舒适的睡衣；卸下浓妆，展现最真实的面容；除去伪装，流露最放松的姿态，之后所发生的一切才是真实的。

听家具讲述八卦的私人生活只是茶余饭后的解闷和会心一笑的解压，它们真正在诉说的是，人类对于家与生活方式的态度始终在发生着变化：更惬意、自由、灵活和不拘一格。尽管都市与野外的距离变得越来越遥远，远到一度令人迷失在工业森林，但好在人们又开始重新尊重和珍惜大自然。家门内的布置其实是一段由外到内的蜕变，真实地面对你的家，就是真实地面对自己。

如果你是在家捧着这本书阅读，合上最后一页时，不妨重新打量一下你的四周，那些"亲密的伙伴们"是否在你眼里已和昨天不同？

附录 品牌索引

A

Agape	意大利设计公司
Alain Marzat	欧洲家具品牌
AmarniCasa	意大利家居品牌
APR	欧洲公关公司
Ateliers de Langes	欧洲设计品牌

B

BD Barcelona Design	西班牙设计公司
BEACHWORK	欧洲设计品牌
Biesse	意大利家具品牌
BISAZZA	意大利顶级奢华设计品牌
Bitossi Home	意大利家居设计品牌
Black & Blum	欧洲创意设计品牌
B.MARLY	欧洲家具品牌
BoConcept	（北欧风情）丹麦家具品牌
BRC Designs	欧洲设计品牌
Brinkman Collections	荷兰家居品牌

C

Cappellini	意大利家具品牌
CASAMIDY	欧洲设计品牌
Chloé	（寇依）法国时尚品牌
Christofle	（克利斯朵夫）法国银器品牌
COD CUB	欧洲家居品牌
COR	欧洲家具品牌
COVO	意大利设计品牌

D

达芬奇家居	新加坡家居品牌
DANYE	欧洲设计品牌

DEDON	德国家具公司
DEESAWAT	泰国家具品牌
Diesel	（迪赛）意大利设计品牌
Droog	荷兰设计品牌
DU BOUT DU MONDE	欧洲家具品牌

E

Emmemobili	意大利家具品牌
Established & Sons	英国家居设计品牌
EX.T	意大利家具品牌
E15	德国家具品牌
EXNOVO	欧洲设计品牌

F

Ferm Living	丹麦家居品牌
Fjordfiesta	挪威设计品牌
Florent Joliot	欧洲家具品牌
Formitalia	（福米托）意大利设计品牌

H

Hansgorhe	（汉斯格雅）德国卫浴品牌
Hästens	（海丝腾）瑞典床具品牌

I

Ibride	法国设计品牌
IKEA	（宜家）瑞典家居品牌
Innermost	英国室内设计公司

J

Jetclass	葡萄牙家具设计品牌
JOOP!	（乔普）德国服装及家居品牌

K

Kaldewei	（卡德维）德国卫浴品牌
KARL	欧洲设计品牌
KOHLER	（科勒）美国卫浴品牌

L

La Cividina	意大利设计品牌
Lando	欧洲家具品牌
Le Boudoir	法国家具品牌
Leblon– Delienne	法国家居品牌
Les Pieds Surla Table	法国家居品牌
LG Hausys	韩国建筑装饰材料公司
罗奇堡家居	法国家居品牌

M

MAISON&OBJET	巴黎家居装饰博览会
MARCHETTI	欧洲家具品牌
Meritalia	意大利家具品牌
Moooi	荷兰设计品牌
Moreless	（多少）中国家具设计品牌
Muuto	丹麦家居设计品牌

N

Natuzzi	（纳图兹）意大利家具品牌
Neodream	欧洲家具品牌
NgispeN	荷兰设计品牌
Norman	丹麦家居设计品牌
Now's Home	巴黎家居装饰博览会提供图片

O

Octave et Léontine	欧洲设计品牌

P

Plage	法国家居装饰品牌

R

Richard Lampert	德国家具品牌
Riva 1920	意大利家具品牌

S

Sawadee Design	德国设计工作室
Scavolini	（斯卡沃利尼）意大利橱柜品牌
SICIS	意大利设计品牌
Sofapop	丹麦家居品牌
SOZEN	（素生）中国家居设计品牌
SUCK UK	英国设计品牌

T

TAZANA	泰国设计品牌
The Soft World	欧洲设计品牌

U

UN ESPRIT EN PLUS	欧洲设计品牌

V

Villahome	欧洲设计品牌
VITEO	奥地利户外家具品牌

Z

ZEITRAUM	德国家具品牌

图书再版编目（CIP）数据

如果家具会说话 / 日青著 . —北京：商务印书

馆，2013

　ISBN 978-7-100-10073-1

　Ⅰ . ①如⋯ Ⅱ . ①庄⋯ Ⅲ . ①家具—世界—图集

Ⅳ . ① TS664–64

　中国版本图书馆 CIP 数据核字 (2013) 第 139124 号

如果家具会说话

日 青 著

—————————————————

商 务 印 书 馆 出 版

（北京王府井大街 36 号　邮政编码 100710）

商 务 印 书 馆 发 行

山 东 临 沂 新 华 印 刷 物 流 集 团

有 限 责 任 公 司 印 刷

ISBN　978-7-100-10073-1

—————————————————

2013 年 8 月第 1 版　　开本 780×1040　　1/16

2013 年 8 月第 1 次印刷　　印张 22.25

定价：70.00 元